中国传统村落保护与发展
系 列 丛 书

国家出版基金项目
NATIONAL PUBLICATION FOUNDATION

福州地区传统村落规划更新和功能提升

——宜夏村传统村落保护与发展

陈 硕 等编著

U0283186

中国建筑工业出版社

编委会

总编委会

专家组成员：

李先逵　单德启　陆琦　赵中枢　邓千　彭震伟　赵辉　胡永旭

总主编：

陈继军

委员：

陈硕　罗景烈　李志新　单彦名　高朝暄　郝之颖　钱川　王军（中国城市规划设计研究院）

靳亦冰　朴玉顺　林琢　吉少雯　刘晓峰　李霞　周丹　朱春晓　俞骥白　余毅

王帅　唐旭　李东禧

参编单位：

中国建筑设计研究院有限公司、中国城市规划设计研究院、中规院（北京）规划设计公司、福州市规划设计研究院、华南理工大学、西安建筑科技大学、四川美术学院、昆明理工大学、哈尔滨工业大学、沈阳建筑大学、苏州科技大学、中国民族建筑研究会

本册编委会

主编：

陈　硕

参编人员：

史宇恒　陈仲光　高学珑　苏光普　黄妙玲　罗景烈　陈　川　寻文颖　李文峰　陈继军
李　晔　黄朝良

审稿人：

戴志坚

总　序

　　传统村落，又称古村落，指村落形成较早，拥有较丰富的文化与自然资源，具有一定历史、文化、科学、艺术、经济、社会价值，应予以保护的村落。

　　我国是人类较早进入农耕社会和聚落定居的国家，新石器时代考古发掘表明，人类新石器时代聚落遗址70%以上在中国。农耕文明以来，我国形成并出现了不计其数的古村落。尽管曾遭受战乱和建设性破坏，其中具有重大历史文化遗产价值的古村落依然基数巨大，存量众多。在世界文化遗产类型中，中国古村落集中国古文化、规划技术、营建技术、工艺技术、材料技术等之大成，信息蕴含量巨大，具有极高的文化、艺术、技术、工艺价值和人类历史文化遗产不可替代的唯一性，不可再生、不可循环，一旦消失则永远不能再现。

　　传统村落是中华文明体系的重要组成部分，是中国农耕文明的精粹、乡土中国的活化石，是凝固的历史载体、看得见的乡愁、不可复制的文化遗存。传统村落的保护和发展就是工业化、城镇化过程中对于物质文化遗产、非物质文化遗产以及传统文化的保护，也是当下实施乡村振兴战略的主要抓手之一，更是在新时代推进乡村振兴战略下不可忽视的极为重要的资源与潜在力量。

　　党中央历来高度关注我国传统村落的保护与发展。习近平总书记一直以来十分重视传统村落的保护工作，2002年在福建任职期间为《福州古厝》一书所作的序中提及："保护好古建筑、保护好文物就是保存历史、保存城市的文脉、保存历史文化名城无形的优良传统。"2013年7月22日，他在湖北鄂州市长港镇峒山村考察时又指出："建设美丽乡村，不能大拆大建，特别是古村落要保护好"。2013年12月，习近平总书记在中央城镇化工作会议上发出号召："要依托现有山水脉络等独特风光，让城市融入大自然；让居民望得见山、看得见水、记得住乡愁。"2015年，他在云南大理白族自治州大理市湾桥镇古生村考察时，再次要求："新农村建设一定要走符合农村的建设路子，农村要留得住绿水青山，记得住乡愁"。

　　传统村落作为人类共同的文化遗产，其保护和技术传承一直被国际社会高度关注。我国先后签署了《关于古迹遗址保护与修复的国际宪章》（威尼斯宪章）、《关于历史性小城镇保护的国际研讨会的决议》、《关于小聚落再生的宣言》等条约和宣言，保护和传承历史文化村镇文化遗产，是作为发展中大国的中国必须担当的历史责任。我国2002年修订的《文物保护法》将村镇纳入保护范围。国务院《历史文化名城名镇名村保护条例》对传统村落保护规划和技术传承作出了更明确的规定。

近年来，我国加强了对传统村落的保护力度和范围，传统村落已成为我国文化遗产保护体系中的重要内容。自传统村落的概念提出以来，至2017年年底，住房和城乡建设部、文化部、国家文物局、财政部、国土资源部、农业部、国家旅游局等相关部委联合公布了四批共计4153个中国传统村落，颁布了《关于加强传统村落保护发展工作的指导意见》等相关政策文件，各级政府和行业组织也制定了相应措施和方案，特别是在乡村振兴战略指引下，各地传统村落保护工作蓬勃开展。

我国传统村落面广量大，地域分异明显，具有高度的复杂性和综合性。传统村落的保护与发展，亟需解决大多数保护意识淡薄与局部保护开发过度的不平衡、现代生活方式的诉求与传统物质空间的不适应、环境容量的有限性与人口不断增长的不匹配、保护利用要求与经济条件发展相违背、局部技术应用与全面保护与提升的不协调等诸多矛盾。现阶段，迫切需要优先解决传统村落保护规划和技术传承面临的诸多问题：传统村落价值认识与体系化构建不足、传统村落适应性保护及利用技术研发短缺、传统村落民居结构安全性能低下、传统民居营建工艺保护与传承关键技术亟待突破，不同地域和经济发展条件下传统村落保护和发展亟需应用示范经验借鉴等。

另一方面，随着我国城镇化进程的加快，在乡村工业化、村落城镇化、农民市民化、城乡一体化的大趋势下，伴随着一个个城市群、新市镇的崛起，传统村落正在大规模消失，村落文化也在快速衰败，我国传统村落的保护和功能提升迫在眉睫。

在此背景之下，科学技术部与住房和城乡建设部在国家"十二五"科技支撑计划中，启动了"传统村落保护规划与技术传承关键技术研究"项目（项目编号：2014BAL06B00）研究，项目由中国建筑设计研究院有限公司联合中国城市规划设计研究院、华南理工大学、西安建筑科技大学、四川美术学院、湖南大学、福州市规划设计研究院、广州大学、郑州大学、中国建筑科学研究院、昆明理工大学、长安大学、哈尔滨工业大学等多个大专院校和科研机构共同承担。项目围绕当前传统村落保护与传承的突出难点和问题，以经济性、实用性、系统性和可持续发展为出发点，开展了传统村落适应性保护及利用、传统村落基础设施完善与使用功能拓展、传统民居结构安全性能提升、传统民居营建工艺传承、保护与利用等关键技术研究，建立了传统村落保护与发展的成套技术应用体系和技术支撑基础，为大规模开展传统村落保护和传承工作提供了一个可参照、可实施的工作样板，探索了不同地域和经济发展条件下传统村落保护和利用的开放式、可持续的应用推广机制，有效提升了我国传统村落保护和可持续发展水平。

中国建筑设计研究院有限公司联合福州市规划设计研究院、中国城市规划设计研究院等单位共同承担了"传统村落保护规划与技术传承关键技术研究"项目"传统村落规划改造及民居功能综合提升技术集成与示范"课题（课题编号：2014BAL06B05）的研究与开发工作，基于以上课题研究和相关集成示范工作成果以及西北和东北地区传统村落保护与发展的相关研究成果，形成了《中国传统村落保护与发展系列丛书》。

丛书针对当前我国传统村落保护与发展所面临的突出问题，系统地提出了传统村落适应性保护及利用，传统村落基础设施完善与使用功能拓展，传统民居结构安全性能提升，传统营建工艺传承、保护与利用等关键技术于一体的技术集成框架和应用体系，结合已经开展的我国西北、华北、东北、太湖流域、皖南徽州、赣中、川渝、福州、云贵少数民族地区等多个地区的传统村落规划改造和民居功能综合提升的案例分析和经验总结，为全国各个地区传统村落保护与发展提供了可借鉴、可实施的工作样板。

《中国传统村落保护与发展系列丛书》主要包括以下内容：

系列丛书分册一《福州传统建筑保护修缮导则》以福州地区传统建筑修缮保护的长期实践经验为基础，强调传统与现代的结合，注重提升传统建筑修缮的普适性与地域性，将所有需要保护的内容、名称分解到各个细节，图文并茂，制定一系列用于福州地区传统建筑保护的大木作、小木作、土作、石作、油漆作等具体技术规程。本书由福州市城市规划设计研究院罗景烈主持编写。

系列丛书分册二《传统村落保护与传承适宜技术与产品图例》以经济性、实用性、系统性和可持续发展为出发点，系统地整理和总结了传统村落保护与发展亟需的传统村落基础设施完善与使用功能拓展，传统民居结构安全性能提升，传统民居营建工艺传承、保护与利用等多项技术与产品，形成当前传统村落保护与发展过程中可以借鉴并采用的适宜技术与产品集合。本书由中国建筑设计研究院有限公司陈继军主持编写。

系列丛书分册三《太湖流域传统村落规划改造和功能提升——三山岛村传统村落保护与发展》作者团队系统调研了太湖流域吴文化核心区的传统村落，特别是系统研究了苏州太湖流域传统村落群的选址、建设、演变和文化等特征，并以苏州市吴中区东山镇三山岛村作为传统村落规划改造和功能提升关键技术示范点，开展了传统村落空间与建筑一体化规划、江南水乡地区传统民居结构和功能综合提升、苏州吴文化核心区传统村落群保护和传承规划、传统村落基础设施规划改造等集成与示范，对集成与示范成果进行编辑整理。本书由中国建筑设计研究院有限公司刘晓峰主持编写。

系列丛书分册四《北方地区传统村落规划改造和功能提升——梁村、冉庄村传统村落保护与发展》作者团队以山西、河北等省市为重点，调查研究了北方地区传统村落的选址、格局、演变、建筑等特征，并以山西省平遥县岳壁乡梁村作为传统村落规划改造和功能提升关键技术示范点，开展了北方地区传统民居结构和功能综合提升、传统历史街巷的空间和景观风貌规划改造、传统村落基础设施规划改造、传统村落生态环境改善等关键技术集成与示范，对集成与示范成果进行编辑整理。本书由中国建筑设计研究院有限公司林琢主持编写。

系列丛书分册五《皖南徽州地区传统村落规划改造和功能提升——黄村传统村落保护与发展》作者团队以徽派建筑集中的老徽州地区一府六县为重点，调查研究了皖南徽州地区传统村落的选址、格局、演变、建筑等特征，并以安徽省休宁县黄村作为传统村落规划改造和功能提升关键技术示范点，开展了传统村落选址与空间形态风貌规划、徽州地区传统民居结构和功能综合提升、传统村落人居环境和基础设施规划改造等的关键技术集成与示范，对集成与示范成果进行编辑整理。本书由中国建筑设计研究院有限公司李志新主持编写。

系列丛书分册六《福州地区传统村落规划更新和功能提升——宜夏村传统村落保护与发展》作者团队以福建省中西部地区为重点，调查研究了福州地区传统村落的选址、格局、演变、建筑等特征，并以福建省福州市鼓岭景区宜夏村作为传统村落规划改造和功能提升关键技术示范点，开展了传统村落空间保护和有机更新规划、传统村落景观风貌的规划与评价、传统村落产业发展布局、传统民居结构安全与性能提升、传统村落人居环境和基础设施规划改造等的关键技术集成与示范，对集成与示范成果进行编辑整理。本书由福州市城市规划设计研究院陈硕主持编写。

系列丛书分册七《赣中地区传统村落规划改善和功能提升——湖州村传统村落保护与发展》作者团队以江西省中部地区为重点，调查研究了赣中地区传统村落的选址、格局、演变、建筑等特征，并以江西省峡江县湖洲村作为传统村落规划改造和功能提升关键技术示范点，开展了传统村落选址与空间形态风貌规划、赣中地区传统民居结构和功能综合提升、传统村落人居环境和基础设施规划等的关键技术集成与示范，对集成与示范成果进行编辑整理。本书由中国城市规划设计研究院郝之颖主持编写。

系列丛书分册八《云贵少数民族地区传统村落规划改造和功能提升——碗窑村传统村落保护与发展》作者团队以云南、贵州省为重点，调查研究了云贵少数民族地区传统村落的选址、格局、演变、建筑和文化等特征，并以云南省临沧市博尚镇碗窑村作为传统村落规划改造和功能提升关键技术示范点，开展了碗窑土陶文化挖掘和传承、传统村落特色空间形态风貌规划、云贵少数民族地区传统民居结构安全和功能提升、传统村落人居环境和基础设施规划改造等的关键技术集成与示范，对集成与示范成果进行编辑整理。本书由中国建筑设计研究院有限公司陈继军主持编写。

系列丛书分册九《西北地区乡村风貌研究》选取全国唯一的撒拉族自治县循化县154个乡村为研究对象。依据不同民族和地形地貌将其分为撒拉族川水型乡村风貌区、藏族山地型乡村风貌区以及藏族高山牧业型乡村风貌区。在对其风貌现状深入分析的基础上，遵循突出地域特色、打造自然生态、传承民族文化的乡村风貌的原则，提出乡村风貌定位，探索循化撒拉族自治县乡村风貌控制原则与方法。乡村风貌的研究可以促进西北地区重塑地域特色浓厚的乡村风貌，促进西北地区乡村文化特色继续传承发扬，促进西北地区乡村的持续健康发展。本书由西安建筑科技大学靳亦冰主持编写。

系列丛书分册十《辽沈地区民族特色乡镇建设控制指南》在对辽沈地区近2000个汉族、满族、朝鲜族、锡伯族、蒙古族和回族传统村落的自然资源和历史文化资源特色挖掘的基础上，借鉴国内外关于地域特色语汇符号甄别和提取的先进方法，梳理出辽沈地区六大主体民族各具特色的、可用于风貌建设的特征性语汇符号，构建出可以切实指导辽沈地区民族乡村风貌建设的控制标准，最终为相关主管部门和设计人员提供具有科学性、指导性和可操作性的技术文件。本书由沈阳建筑大学朴玉顺主持编写。

《中国传统村落保护与发展系列丛书》编写过程中，始终坚持问题导向和"经济性、实用性、系统性和可持续发展"等基本原则，考虑了不同地区、不同民族、不同文化背景下传统村落保护和发展的差异，将前期研究成果和实践经验进行了系统的归纳和总结，对于研究传统村落的研究人员具有一定的技术指导性，对于从事传统村落保护与发展的政府和企事业工作人员，也具有一定的实用参考价值。丛书的出版对全国传统村落保护与发展事业可以起到一定的推动作用。

丛书历时四年时间研究并整理成书，虽然经过了大量的调查研究和应用示范实践检验，但是针对我国复杂多样的传统村落保护与发展的现实与需求，还存在很多问题和不足，尚待未来的研究和实践工作中继续深化和提高，敬请读者批评指正。

本丛书的研究、编写和出版过程，得到了李先逵、单德启、陆琦、赵中枢、邓千、彭震伟、赵辉、胡永旭、郑国珍、戴志坚、陈伯超、王军（西安建筑科技大学）、杨大禹、范霄鹏、罗德胤、冯新刚、王明田、单彦名等专家学者的鼎力支持，一并致谢！

陈继军

2018年10月

前　言

　　传统村落作为全人类共同的文化遗产，其保护和技术传承一直被国际社会高度关注，曾几何时，我国传统村落是世界传统村落史中重要的组成部分，我国的古代建筑师们为我国、为世界创造了惊艳千古的园林、民宅和寺庙等。当见证历史沧桑的传统村落被逐渐摧毁，当华夏民族的栖息地被逐渐损坏，当一座座屹立千年、凝聚民族智慧的历史建筑风雨飘摇，我们更加深深认识到，保护和传承历史文化村镇与传统村落文化遗产，是我们现在必须担当的历史责任，也是建设生态文明和振兴乡村刻不容缓的需求。在住建部和科技部的联合支持下，国家"十二五"科技支撑计划中专门设立了"传统村落保护规划与技术传承关键技术研究"项目，本书是作者参与其中"传统村落规划跟新及民居功能综合提升技术集成与示范"课题（课题编号：2014BAL06B05）的漫长研究过程中的思考与总结。

　　福建省福州市鼓岭乡的宜夏村是清末五口通商期间建立起来的一个中西文化融合的传统村落，宜夏村传统村落保护和功能提升是福州的重点工程，一期工程投资巨大，以期最大限度恢复宜夏村历史原貌。宜夏村作为福州地区传统村落规划更新及民居功能综合提升的技术集成与示范基地，在传统村落整体保护框架下采取有机更新的方法，为历史文化的延续、发展提供载体；提升传统村落对现代生活的适应能力；提高传统村落在新形势下可持续发展的能力；强化新技术的导入，开创智慧乡村的建设，同时，开展福州地区传统村落规划更新及民居功能综合提升技术集成与示范。希望以经济性、实用性、系统性和可持续发展为出发点，开展传统村落适应性保护及利用、传统村落基础设施完善与使用功能拓展、传统民居结构安全性能提升、传统民居营建工艺传承、保护与利用等关键技术研究，建立传统村落保护与改善的成套技术应用体系和技术支撑基础，为大规模开展传统村落保护和传承工作提供一个可参照、可实施的工作样板，探索不同地域和经济发展条件下传统村落保护和利用的开放式、可持续的应用推广机制，提升国家历史文化遗产保护和我国传统村落保护和可持续发展水平。

　　本书提供的规划和技术方案的特色，主要体现在以下三个方面。第一，古人对传统村落的建设考虑缜密，我们希望能全面反映传统村落保护规划和民居功能提升的方方面面，提供比较完整的方案。福建传统村落的保护和发展工作，虽然迫在眉睫，需要立即实施，但也需要系统的规划，做好长期投入的准备。本书在传统民居结构与功能综合提升实施方面，探讨了以木构为主的古建筑，进行经常性的科学保养与修护工作的基本方案，并探讨对现有建筑与构筑物进行全面调查、诊断，根据建成时间、建筑质量、结构形式、建筑风格、采光间距、防火要求等进行综合评价，确定拆除、改造和保留建筑。同时，本书结合传统村落综合景观改造、基础设施改造、民居基本格局与建造工艺等方面内容，对规划、设计、建设过程中的核心技术应用进行了深入探讨。第二，虽然现在的传统村落已经摧毁比较厉害，但是，我们还是希望原汁原味地保护好传统格局、风貌和建筑，以期还原真实的过去，不可在"保护"的高歌中无意识地进行新"破坏"。传统村落的保护和发展，不可能套用一种统一的模式，保护要一对一，发展也要一对一。本书通过对传统村落自然环境的基本要素特征和历史文化资源进行分析，从而强化传统村落格局的完整性、要素的真实性和延续性，展现其所处地域环境的自然、原生、质朴的魅力。同时，本书分析了传统村落的历史环境要素，包括宗教建筑、牌坊、古景、古泉、古井、古桥、古树名木等，同时收集非物质文化遗产，进行分级别保护、结合景观设计进行改造等。第三，现在联接着过去和未来，我们不仅希望保护传统村落物质的构成部分，适度引进新技术，还希望能够更好地满足居民的需求，保护非物质的部分，关注传统村落的精神表达。对传统村落的保护不能仅仅停留在现有的物质文化遗产上，应该深入挖掘每个古村落的历史，包括历史事件、历史人物、民间传说、民间风俗、民间节日以及文化艺术等非物质文化遗产，根据每个村落所根植的文化传统，确立各个村落的风格、个性和形象基调，为村落的保护和发展定位。本书对于传统村落精神表达与非物质内涵方面，探讨了传统村落的文化价值、文化保护与传承，以及传统村落复兴的核心方式。此外，新兴的理念与技术亦不可或缺。本书引入传统村落保护与改造的新理念包括空间句法、智慧乡村、整体性保护等，同时结合传统村落空间敏感性的研究、传统村落复兴技术、整体保护与有机更新技术、景观风貌改善技术等探讨传统村落的未来发展趋势。

　　本书为国家科技支撑计划项目的成果之一，经过反复的推敲，终于成稿。期冀提供传统村落保护和更新的系统性技术指南，为全国传统村落保护和发展提供可参考的技术成果和适用产品，便于传统村落保护和发展过程中快速选择适用技术和产品，为各个地区的传统村落保护和发展提供可借鉴的示范案例和实施样板。本书的一些宜夏传统村落保护规划和设计的资料来自福州市规划设计研究院，在此对参与该传统村落项目的规划、设计和施工人员提供的帮助表示感谢。同时，在出版过程中，得到了出版社几位编辑的鼎力支持，一并表示感谢。

目 录

第1章

传统村落现状与演变

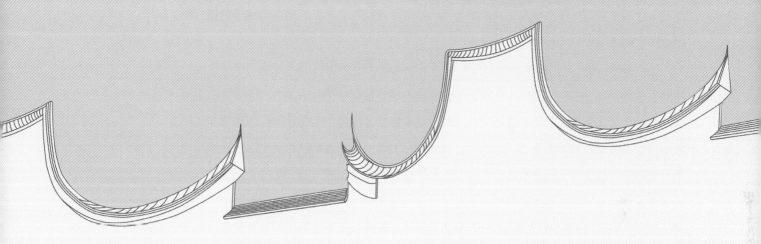

1.1 背景

传统村落是中华文明体系的重要组成部分，是国家形式传承不辍的物质载体。近期，随着文化保护与历史传承日益受到关注，传统村落的规划改造及民居建筑功能综合提升问题已得到国家及地方的重视。

《国家中长期科学和技术发展纲要》和国家科技部《中国城镇化与村镇建设科技发展战略》中明确指出："促进农村的转型发展和城乡经济社会一体化发展"，需要重点落实促进农村地区文化传承和基础设施、公共设施等的建设，并将传统村落文化传承与生活环境提升作为重点领域与任务之一。针对传统村落在发展中存在的问题，国家四部委于2012年春着手进行传统村落调查摸底工作，并计划进行保护规划工作。

为了大力推进传统村落的保护和发展，福建省近年来陆续发布了多批历史文化名村名单。《福建省村庄规划导则》提出："保护历史文化资源及村庄原有肌理，延续传统特色。结合山体、水系等自然生态环境，塑造富有乡土气息的特色景观风貌"，明确了对传统村落的规划要求，并提出民居功能综合提升的指导意见，对福建省传统村落改造提升有重要作用。

福建省地理地貌多样，既有山地，又有平原，既有大江大河，也有海滨海岛，水量充沛，台风多发，处于台湾海峡地震带；福建省传统文化主要以闽越文化为基础，融合中原文化，同时也有着历史悠久的海洋文化；多样的地质特性以及源远流长的多元文化，造就了多样化的地域风情和各具特色的传统村落。

承载着不同历史时期、不同民族的文化信息，承载着闽台文化信息的传统村落是福建宝贵的物质文化与非物质文化遗产资源，福建传统村落的有效保护和延续，对于维系两岸中华情怀，发挥着至关重要的影响作用。

但是，近年来福建经济快速发展，城镇化持续推进，山海协作不断加强。在此背景下，传统村落与外部城镇发展相比，基础设施显得匮乏，建筑功能变得欠缺，有的传统村落出现空心化现象，原有传统建筑自然衰败，有的将传统建筑推倒重来，导致传统建筑受到破坏。

福州地区地处福建，集中着大量极具代表性的传统村落，我们以宜夏村为核心对象，探索适合福州地区村落保护及发展的思路，聚焦传统村落规划改造和功能综合提升技术，以期为福州地区传统村落保护实践提供科学依据和支撑。

1.2 福州传统村落特征分析

1.2.1 福州传统村落的地方性特征

福州位于东南沿海，闽地之中，被誉为"环山、沃野、派江、吻海"的形胜之地，闽江从城中穿过。福州自古文化昌盛，人才辈出，作为福建地区的代表，其传统村落的空间布局处处彰显着独具特色的设计思维。

传统村落中的空间形成是一个漫长的进程，它的变迁是随着村民生活习惯的改变，进而逐步形成与生产、生活相互适应的村落空间。以上所指的空间更多是物理意义上的空间，主要是村落中的社会活动场地。传统村落有别于城市，由于其在空间布局上具有一定的特点，由此形成了各个传统村落公共的独具一格的特色。

当前，福州很多村庄建设过于追求类似城市的分布格局，部分失去乡村原有的"零散无序"的分布特点。乡村建设虽然有规划指引，但实施过程中往往不严格执行，乡村不依据村庄规划来建设。城市文化和生活习惯的进入改变了乡村文化原汁原味的特点。

因山就势、择水而居是村落选址的首要条件。由于当时的生产力水平有限，人们不可能大幅改变基址的固有条件，因此只能依托地势，在长期的自然发展中形成了与自然和谐共生的传统村落格局。

1.2.1.1 传统村落公共空间的地方性

1. 村落公共空间的原始性

福州传统村落空间格局主要随当地居民长期生活所需而演变成，其所处位置、所占空间布局大小、当地居民在不同空间中的参与频率成为空间布局的重要决定性因素。

2. 村落公共空间地方性特征表达

传统村落有别于城市地区，随着空间自发地形成并加以完善，空间布局呈现出强烈的当地特色，更加符合当地居民的生活需求。传统村落的公共空间同样是在长期当地居民生活的潜移默化影响下，自发形成了合理、具有现实意义的公共空间。但随着社会的发展，各传统村落的发展发生了转变，在设计过程中普遍存在推倒重建、攀洋比新的不良风气，割裂了乡土记忆的延续性，地方性特征在快速的发展变化中慢慢消失，使得住在其中的居民失去了归属感。因此，为了保护福州传统村落空间的地方性特色，需要找出特色消失的主要诱因，并提出针对性的措施以解决现存的问题，进而有效延续地方性特色。

1.2.1.2 传统村落乡土特质的演变

在加快城市化建设的过程中，传统村落的社会形态、经济与自然环境也自然产生了一定程度的改变。在建设进程中，福州传统村落的发展模式主要分为新建社区型公共空间与原村落基址上增建的公共空间，新的公共空间格局也由此形成。

1. 新建公共空间的地方性消失

老旧的平房瓦房在新建的社区中消失，取而代之的是一栋栋楼房，存在于老村落当中的街道、巷弄不复存在，原来的"坊巷文化"正在渐渐消失。旧有的公共空间完全被新建社区里的公共休闲广场所取代。

在新建社区型公共空间的开发建设过程中，大多模仿城乡地区的空间设计对传统村落进行规划。但传统村落的街道设计与城市地区空间设计理念与现实所需方面存在较大的差距。空间大而空旷、人员参与度低、大面积的硬材质、脱离周边环境、园路设置零散等现象丛生，设计手法与公共空间自发形成原理背道而驰，设计手法强硬等问题得不到居民的认可，因此使用率较低，其设计目的和初衷没有得到很好的体现。

在新建的村落公共空间中，盲目追求用地面积，追求形式但忽视了使用者的感觉，造成了空间资源的严重浪费。这些缺少地方特色的新型乡村社区公共空间，对当地传统文化造成严重破坏。

因此，新型乡村社区公共空间的设计原理应该是在遵循村落地方特征的基础上进行建造，充分结合周边环境，将其建设成为既有历史传承又具有现代设计感的适合现代人生活要求的户外社交场所。

2. 原村落基址上增建的公共空间地方性消失

在无法大规模改建的传统村落中，由于局部性的公共空间新增，地方性也在改变，这些空间在村落原有的基础上进行改造重建，空间面积较小，同时受到周边基础设施、道路、住宅、植被等原有环境的影响，从而使得其与周边景观结合紧密，达到因地制宜、因势利导的建设效果。

但是同样的这些空间的设计手法也模仿了城市地区公共空间的特点，没有充分结合当地的乡土特点，属于地方性部分消失的一类。新增的公共空间在功能、设计上形式单一，这些带有标志性景观的设施突兀地建在村落中十分显眼的位置，形式主义或形象工程显而易见。同时加之相互的模仿，致使空间形式大同小异，地方性特征整体上在逐渐消失。

1.2.1.3 恢复村落地方性的设计

1. 恢复地方性设计的历史必要性

传统村落的发展是一个循序渐进的历史过程，是在时代的文化传承中形成的，其主要受到人文因素与自然因素所影响。人文因素随着经济、社会等相关因素的变化处于不断变化的过程中，相反自然因素较难被其他因素所影响。而传统村落公共空间的设计应依托与当地社会文明发展，使得在发展过程中仍然具备当地独具一格的人文自然风情。尊重人文自然风情一方面是对先辈们对当地发展做出的贡献的尊重，也是长期时间所形成的最优发展路径，只有在适应当地特色的空间布局前提下，才能做出最好、最优的空间设计。

2. 恢复地方性设计的当前必要性

现阶段的传统村落发展中，存在严重的模仿现象，空间布局的模仿性太强将导致地方人文自然因素被大大忽略。然而村落无论发展至什么阶段，其仍然是围绕当地居民为主体进行相应活动，居民主观意识较强，难以快速地改变自身的生活习惯与生活方式。例如，农田在传统村落中处于一个重要的地位，在发展过程中如果忽略了农田与其他空间之间的相关关系，将导致空间规划布局失衡，破坏了乡村的整体空间布局特色以及当地的人文自然风情。所以要求设计师在进行空间设计的过程中，应该基于当地的地方性，而不应追求形式主义的设计形式，立足当下进行设计，充分保证人们的切身利益。

1.2.2 福州传统村落的人居环境状况

在追求经济利益最大化的前提下，对自然资源的索取成为了快速发展经济的有效手段之一。村落周边建立起村工厂，由于技术等条件的限制，工业污染威胁着村落原本的自然生态。为了运输业的发展炸山开路，村落原有的自然形态也逐渐消失等，这一系列问题不仅存在于村落人居环境之中，整个城乡地区人居环境也面临着相同的威胁。生态环境的恶化不仅影响了人居环境，甚至影响到人的生命健康。环境污染已经成为全球所面临的大问题，全人类都正在寻找一条回归自然与人和谐共生的道路。

福州地区传统村落所处的局面不容乐观，但许多村落还正处于向城市发展模式学习的过程中。以自然资源带动经济发展的模式，使得村落经济发展不平衡，在资源不丰富的村落人居环境得不到有效的改善；那些自然资源过度开发的村落，人居环境又遭到新的破坏，这种不合理的发展模式亟待改变。传统村落的环境整洁度不高，公共生活缺乏空间保障，如没有必要的文化活动场所，包括可供村民聊天、集会的场所，以及读报栏等。传统村落自然环境由于没有明确的建设思路，许多建设走向了人工化，如河道护坡人工化、边坡植物选择不合理、护岸坡度过大，其生态性大打折扣。

此外，福州传统村落的景观环境缺乏系统的规划，绿化结构不合理，林业科技含量较低，绿化质量参差不齐，绿化品种单一。另外，村内宣传力度不够，认识不到位，绿化管理不利。

1.2.2.1 传统村落人居环境研究现状

通过对1986年以来世界人居环境日的主题进行分析，可发现其关注焦点多注重于住房问题，也对城市中的贫民窟给予了关注，可见在城市进程中，某些城区获得了大量的建设资金，居住水平与生活条件也在不断提升当中。但随着居住水平与生活水平的不断提升，由于自然环境的保护、公共基础设施的建设速度还难以跟进城市化的发展，也导致了一系列严重问题的出现。

由于传统村落一般处于相对偏僻的地区，对外联系不便，受到外来文化的冲击较小，当地的自然人文特色得到了较好的保护，其建筑、空间布局等仍保留着当地特色。但随着城市化的不断快速推进，传统村落的建设规划布局不当等问题也逐渐凸显。一方面，传统村落中故有的价值观受到外来文化的强烈冲击，鲜明的对比使得其中居民的观念逐步发生转变，片面追求其认为先进的生活方式，对于传统着抱着不屑一顾的态度，逐渐丧失自我。另一方面，无节制的资源开采、无规律的项目建设，对当地的自然人文环境造成了严重的破坏。

我国传统村落较多，且分布在全国各地，根据当地的自然人文环境形成了独具特色的当地风情，主要承载于建筑、工艺、空间形态以及民俗风情当中，它们都是中华民族宝贵的精神、物质财富。所以在建设过程中，应充分考虑当地特色与经济建设之间存在的相互关系，充分进行民意调查，并在民意调查的基础上进行针对性的开发建设，从根本上最大效用地改善当地居民的生活环境。

在国外对人居环境的研究中，希腊学者首先提出了人类聚居学的概念。但随着全球经济社会的发展，以及人类智力水平的不断提升。德国、法国、俄罗斯等国家纷纷将研究重点关注在人居环境治理的层面，通过多方面的协同治理，进而解决一系列社会问题，完善人居环境，保障城市化水平的健康推进。

1.2.2.2　传统村落人居环境问题

传统村落的人居环境是经过长期的动态演化而成的，其具有各个时代的特色，是珍贵的非物质财富。

1. 传统村落人居环境构成

目前研究多集中于实践层面，讨论如何从物质建设层面上改善传统村落的物质生活水平，缺乏从理论层面，在根本上为传统村落更好的发展进行的系统性的分析研究。

2. 传统村落人居环境评价

目前研究多集中于表面评价层面，多为评价内容的分析。但缺乏使用具有针对性的逻辑数学方法对其进行评价分析。在分析的过程中，较为片面，无法满足人居环境系统中复杂的交互问题。

1.2.2.3　传统村落人居环境营建模式研究

传统村落主要由自然环境、空间环境和设施环境等组成。

自然环境是传统村落根据地选择的重要外部决定性因素之一。其主要由各种自然物质所组成。在传统村落选址的过程中，注重风水与"天人合一"的人居环境价值观，人们选址依托当地的地形、地貌以及自然环境因素，形成人与自然的和谐统一模式。纵观现在保护较好的传统村落，在村落选址、空间布局、建筑特色等方面仍具有一定的当地特色。

空间环境是传统村落深层次的人居布局，主要有居住、社会活动、基础设施等建筑体系组成。最初的传统村落由当地居民自行共同建设，所以有着独特的建筑特点。例如，我国的传统建筑多呈现中轴对称结构，有着明显的主次分明的建筑群体。其次，建筑细部的材质、色彩等同样具有明显特色。最后，传统村落中的社会文化场所，以及交通街道规划都具有明显的当地特色。这一系列形形色色的空间布局规划构成了传统村落的深层次人居格局。

设施环境是支撑传统村落当地居民生产和生活所需的必要条件，主要由公共基础设施和公共服务设施组成。在进行设施环境规划时主要考虑的问题是，当前的基础设施和公共服务设施是否能够满足当地居民的生活需求，以及使用方式是否合理，是否健全等因素。

应切实以改善农村的人居环境为目标，尊重本地的人居环境发展现状，尊重村民的建设改造意愿，鼓励合作共建，而不是铺张浪费的大拆大建，盲目攀比城乡地区的建设风格。考虑到现状农村的发展情况，可以以市政、环境卫生整治、传统村落风貌整治、传统村落景观保护和再造为核心，将营造具有活力的公共活动空间为建设重点（表1-2-1）。

传统村落人居环境提升的角度和内涵　　　　　表1-2-1

	角度	内涵
人居环境及提升	1. 生态本底	以自然山水和绿植为背景、村在绿中、村在田间、村在山间、林间、水旁
	2. 格局	顺应地形、师法自然、灵活自如
	3. 建筑	顺应地势起伏，不突兀，建筑色彩、材料、立面体现美丽建筑
	4. 景观	宅前屋后的乔木、灌木、花、草、菜，注重村口、村心、村道、村标等
	5. 市政	路通、电通、水通、污水收集、公共服务设施等
	6. 环卫	空气、水、固体废弃物处理等设施的完善配置与合理布局
	7. 文化	宗教、民俗、文化遗产、地方特色
	8. 安全	预防和治理火灾、洪灾、震灾、地质灾害等

另外，村落的建设具有区别于城市地区的特殊性，建筑材料、建筑风貌、市政设施的适应程度均有其独特性，在美丽乡村的建设过程中，宜注重其本土性、乡土性、生态性特征，多吸收利用当地传统的材料和建设办法，既可以节约成本，又可以保护地域特色。建设中，应发挥地方领袖的引领作用，带动村民自建，形成"建设美好家园"的自发意识，有助于传统村落保护与传承行动的顺利展开。

1.2.3 福州传统村落的基础设施配备

在进行传统村落的建设中，由于传统村落与城乡地区在自然、人文等因素存在着诸多不匹配要素，在建设过程中缺乏一定的逻辑性与科学性，导致传统村落在发展过程中失去了其自身的独特性，与当地的自然、人文等要素存在矛盾。

传统村落地区相较于城市地区基础设施建设具有其自身的特殊性：

（1）空间布局相对分散。区别于城市高度集聚的空间分布形态，乡村分布呈现大分散、小聚居的状态，农村基础设施的分布也遵循村落较为分散的状态。

（2）生态性与经济性良好。农村基础设施所使用的技术相对简单，大多具有成本低廉、简单易行、生态适宜、低动力等因地制宜的"生态性"特征。多数传统的基础设施对既有环境的负面冲击较小，与环境契合较好，且与地方的经济条件相适应，也易于建设与维护。同时，其背后蕴藏的生态智慧、生态适应性技艺是传统村落基础设施有别于城镇基础设施的显著标志。

（3）地域性特征强。传统基础设施的地域性特征主要体现在对乡土传统营造的应用与地域文化的传承上，不仅表现出对山水地形等自然环境条件及建造材料的尊重与依赖，也是乡村本土的人文风俗、民族传统、生活习惯、村规民约等的集中体现。

（4）环境适应性好。农村分布极为广泛，不同的地形地貌、水文以及气候条件等地理环境对传统村落的形成与演变具有重要的影响，与农村相伴随的基础设施也因此受到自然地理环境的强烈约束。在不同自然地理环境的影响下，农村基础设施也体现了对地理环境较强的适应性特征，以应对诸如暴风骤雨、山洪暴发、高温干旱与骤冷骤热等气候环境的剧烈变化及自然灾害。

（5）基层社区力量的持续维护与管理。农村基础设施大多比较简易，技术含量较低，需要依靠村民的日常性的维护和管理。在农村基础设施的管理和维护上，村民信赖的社会关系、恪守的村规民约、习惯的民风民俗等都在约束村民行为上发挥着重要作用。

传统村落基础设施还有如下现象：

公路系统不完善，存在一定数量的断头路，通村道路等级不匹配，道路路面没有硬化，泥土路居多，存在"晴天尘土飞扬"现象，交通指路标志不完善。交通标线、隔离防护设施缺失，农村公路交通安全隐患较大。

市政管网设施未得到统一规划，设施配套不完善；给水系统缺乏统一规划与建设，人均供水量不足；排水系统缺乏统一规划，管沟、检查井、井盖、雨水口等排水处理设施部分缺失，污水乱排，存在"雨天污水横流"现象；电力电缆线缺乏统一规划与建设，点位设置影响村民人身安全等；公厕设施简陋，设施配套不足。

人畜混居、禽畜散养现象在部分村庄仍十分普遍。公共场所环境卫生差，垃圾乱倒现象显著存在"成天垃圾成堆，夏天蚊蝇成群"现象。建筑范围内的柴草乱堆，影响建筑美观。

1.2.3.1　传统村落研究的理论与现实意义

（1）理论意义。2008年，国务院常务会议正式颁布实施《历史文化名城名镇名村保护条例》，标志着历史文化村镇保护制度的建立。到目前为止，虽然有关历史文化村镇保护的文献研究已经硕果累累，但作为其重要物质载体的基础设施长期以来其在历史文化遗产保护中并未受到学界与社会的高度重视，使得有关于传统村落基础设施理论研究与实践都比较少。故借由传统村落基础设施问题，希望通过对现在基础设施存在问题及其原因进行分析探究，为基础设施的改善提供理论支撑，最重要的是丰富传统村落保护的理论体系。

（2）现实意义。传统村落作为我国历史文化遗产与传统文化的"根基"，其保护与传承在历史文化遗产保护体系中具有重要地位。基础设施作为传统村落重要的基础性物质条件，其完善与协调程度是衡量传统村落保护是否有效的重要标志。但目前，我国传统村落基础设施面临两大问题：一方面，大多数传统基础设施已经历了百年以上的风吹雨打，由于自身的磨损已经破败不堪，甚至丧失了原来的功能，导致我国传统村落基础设施普遍较薄弱与匮乏，由此会加剧村落"空心化"的威胁；另一方面，由于商业、旅游业的开发，在缺乏保护控制的情况下盲目引进现代基础设施，造成了对传统风貌的建设性破坏。本研究试图对传统村落基础设施存在的问题进行研究，挖掘其背后形成的原因，对改善基础设施具有重要的现实意义。

20世纪中后期，快速城乡地区化和工业化带来的各种城乡地区问题开始出现在欧美等发达国家，为此这些发达国家开始重视乡村建设，尤其是将重点放在基础设施和公共服务配套设施的建设上，试图把人口稳定在乡村。20世纪80年代，德国提出改造和建设好村镇，以优先考虑基础设施的建设为原则，保障每一个村镇也几乎都有公路相通，供水、供电、供热等生活配套设施齐备完善。尤其重视污水处理设施的建设和环境的保护，政府明确规定了乡镇政府以及50人以上的村庄必须建设有污水处理设施。20世纪70~80年代，日本对"村镇综合建设示范工程"的推广在村镇建设中收到了很好的成效，其建设内容包括村镇道路、村镇公园、村镇环境改善中心、村落排水设施、亲水空间和生态池等的建设。

跟德国一样，尤其重视环境保护和污水处理方面，其中下水道成为村镇建设的重要项目，下水道的建设以及污水排放的标准都必须满足严格的要求。韩国在1971~1981年，开展了新农村运动，其中最重要的变化是农村居住环境的变化。运动的内容主要包括以下三点：一是改善村民的生活环境，二是增加村民的收入水平，三是建立农村的新氛围。其中，改善村民的生活环境主要就指自来水、道路、污水处理设施、供电、煤气等基础设施的供给和改善。

1.2.3.2 国内外传统村落基础设施研究

我国正处于城市快速发展的浪潮中，乡村人口大量流失，传统村落的保护和发展矛盾突出，基础设施作为其重要物质载体也面临持续性衰败和建设性破坏两大问题。然而，我国对传统村落基础设施的理论研究才刚起步，有关传统村落基础设施问题研究总结如下：

1. 建立传统村落保护制度

1986年，在当时乡镇改革的浪潮中，同济大学编制的《周庄总体保护规划》具有先驱意义。我国的历史文化遗产保护经历了从单一的文保单位，到历史文化名村，再到后来的历史文化村镇的发展过程，是一个由点到面，由城乡地区向乡村逐步发展的过程。先期开展的文保单位和历史文化名村的研究，对推进中国传统村落的保护研究具有重要的意义。目前，我国逐渐建立起从保护文保单位单一体系到以历史文化名城为重点的双层保护体系和以传统村落、历史文化村镇为重心的多层保护体系。历史文化村镇的概念在2002年颁布的《中华人民共和国文物保护法》中第一次被提出来，即"保存文物特别丰富且有重大历史价值或者革命纪念意义的城镇、村镇"，以法律的形式确立了名镇名村在我国遗产保护体系中的地位，从而使包括古民居在内的历史文化镇（村）成为我国遗产保护体系中的一个重要组成部分。随着以上法律法规的制定以及历史文化村镇保护制度的建立，在很大程度上促进了我国传统村落在环境修复整治、基础设施改造等方面的发展。

2. 传统村落基础设施问题

到21世纪初，由于保护与发展之间的平衡问题受到重视，基础设施作为村镇发展的一个重要因素受到关注。由于地方政府的重视以及旅游业的到来，部分传统村落的基础设施得到很大的改善。但研究文章较散，不成体系，针对传统村落基础设施问题的文献更是屈指可数，缺乏对问题背后形成原因的探究。

（1）从具体内容来看，有关传统村落基础设施问题研究多以描述现象与特征等为主，包括基础设施整体存在的问题以及各个子系统问题的阐述，而缺少对存在问题背后形成原因的挖掘，以及基础设施供给与建设的过程。

（2）实证研究较少，关于传统村落基础设施的问题研究过于简单概括，或是缺少与自然地理条件等相关联，或是缺少与地域社区接受等相关联。在对实证案例的研究中，多为观察记录法，缺少深度访谈等社会科学的研究方法。

综上所述，关于传统村落基础设施的相关资料较杂较分散，多为现象与特征的描述，且实证研究较少。本书试图以传统村落基础设施问题为研究对象，从宏观层面来梳理总结传统村落基础设施存在的问题，从微观层面通过追踪福州宜夏村的基础设施供给与建设过程，来挖掘背后的形成原因。

针对我国传统村落公共设施配套水平低、居民生产生活不便、设计技术标准严重滞后、适用技术与标准严重不足等问题，围绕传统村落保护与更新中的建设需求，研究传统村落地上、地下基础设施综合提升的关键技术。在对传统村落基础设施现状实态和需求调研的基础上，因地制宜设置传统村落基础设施配置技术，以期建立传统村落基础设施建设标准的支撑平台。

3. 传统村落交通整治技术

确立传统村落交通功能和道路布局技术，制定村庄道路交通设施分类标准，研发村内交通建设技术。

4. 传统村落管网体系的整治与改造

基于整个传统村落功能需求和街巷宽度，设计给水、雨水、污水、电力、通信、燃气等管网体系的适宜性整治与改造技术。

针对农村雨水综合利用、减轻农村内涝灾害和面源污染，主要研究三大技术：

①雨水收集利用的新技术：主要从雨水径流的截污措施、初期雨水弃流装置等进行考虑。

②雨水渗透新技术：从自然渗透、人工渗透进行考虑。

③雨水处理与净化新技术：主要从雨水沉淀、雨水过滤、雨水消毒、植被浅沟与缓冲带、雨水土壤渗滤技术、雨水湿地技术等方面进行考虑。

基于不同类型传统村落生活污水水质水量特征研究结果，分析和总结现有传统村落生活污水处理技术应用的成功经验与问题，以经济、适用为基准，可从如下几个方面进行深入探讨，包括：研究开发高效、低耗、操作简便的农村生活污水处理技术，根据传统村落生活污水处理流程，重点研究强化化粪池、传统村落生活污水收集输送、生物处理、生态处理等关键单元技术。通过研究探讨各技术单元的技术难点，获取各技术单元的应用优劣，分析各技术单元间协同组合的可能。提出农村生活污水处理适用技术，针对每种具体的适用技术，提出具体的技术经济指标，包括占地指标、建设成本、运行成本。

1.2.3.3 福州传统村落基础设施的探索

有关传统村落基础设施的研究可以追溯到对公共产品的研究，其实践开始于为缓解城乡地区人口过度膨胀问题，重视乡村建设，尤其是基础设施和公共服务设施，试图把人口稳定在乡村。相关探索主要有以下两方面内容：

（1）关于城乡差距。目前国外尤其是发达国家的城市化基本已经完成了，城市地区和乡村的差异较小，城乡地区周边的传统村落基础设施供给也已经相对完善。所以，有关传统村落基础设施的研究相对较少。

（2）关于基础设施的发展。其相关研究主要是从社会价值、环境问题以及村落的可持续发展出发，集中在供给模式、资金投入、管理政策等方面。

1.3 福州传统村落规划模式

福州由于自身所处的地理位置，与诸多历史、人文背景等要素的共同影响，拥有诸多保存完好的传统村落，各个村落具有多姿多彩的当地特色。目前，有20个村落被列入《中国传统村落名录》，拥有两个中国历史文化名村（福州市马尾区亭江镇闽安村和长乐区航城街道琴江村）。福州传统村落主要是传统文化结合当地的自然环境，创造出了人与自然共存的村落空间布局。传统村落主要由大型府第、土堡、民间小舍等组成。

根据当地的自然地理环境、村民的生活习惯、现有建设基础、经济发展水平等多种因素，可将传统村落规划分为旧村整治改造型、城郊社区调整型、保护型等三大类型。

1.3.1 旧村整治改造模式

旧村整治改造模式是基于传统村落现有的空间布局，通过一定的规划布局，对基础设施进行优化升级，提升村落的整体运行水平，实现便于现代化的生产方式。

对现有建筑进行质量评价，有步骤地改造和拆除老房、危房，完善村庄的公共设施与市政设施的配套。

1.3.2 城郊社区调整模式

城郊社区调整模式是根据传统村落的经济社会发展所需，利于当地居民生产生活，遵循当地的自然环境、先前空间布局与功能分区等要素而重新建设的村庄。

1.3.3 保护性修缮模式

保护性修缮模式主要是针对具有一定自然、人文价值的传统村落或历史文化名村，通过政府编制的传统村落保护建设规划，进行一定程度上的建筑维修，完善传统村落的基础功能设施等。

在对传统村落进行规划的过程中，遵循以下原则：采取循序渐进、分期推进、整体保护、重点修缮的措施，保护传统村落的总体街巷空间与格局，对核心保护的传统村落和环境以保护修缮和维修为主。

第 2 章

传统村落保护理念与技术

02

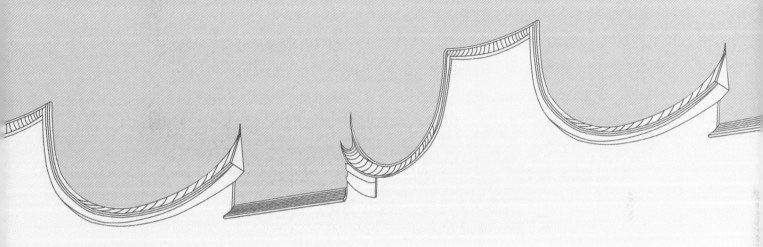

2.1 传统村落保护理念及思路

我国传统村落保护理论与实践研究可以追溯到20世纪80年代。江南水乡古镇的调查研究及保护规划的编制工作，开创了我国传统村落保护研究的先河。1986年，国务院首次提出以有历史传统风貌和民族地方特色的小镇、古村落为保护对象，提出传统村落整体保护理念。21世纪以来，随着2000年"皖南古村落——西递、宏村"世界文化遗产的成功申报以及2002年《中华人民共和国文物保护法》的修订，传统村落保护进入新的研究和实施阶段，研究主要从聚落景观、乡土建筑、民居改造、空间意象、非物质遗产、功能提升等方面入手。不少地方政府也进一步保护和复兴传统村落，如山西襄汾县丁村、浙江兰溪市诸葛村等村落，在项目关键示范区进行技术的应用示范。

2.1.1 空间句法的理论基础及方法

空间句法作为新的用以阐述城乡地区空间结构布局的逻辑语言，其基本方法是按一定的规则将空间划分为相应模块。空间句法中所指的空间，并不是欧氏几何中描述的用数学方法来量测对象，而是描述以拓扑关系为代表的一种关系。其关注的并非各目标间的实际测量距离，而是其间的通达性和相互关系。

2.1.1.1 空间尺度划分

空间句法把空间划分为大、小尺度空间两类。若人类能够从空间中的一个固定点感知整个空间，则视为小尺度空间；反之则为大尺度空间。

2.1.1.2 空间分割方法

空间分割常用的基本方法有三种，即轴线方法、凸空间法、可视域分割法。当城乡地区空间系统内建筑集群较为密集时，一般使用轴线方法进行分割；空间系统为非线性布局时，则采用凸空间法，或者采用可视域分割法。当前用得较多的是轴线方法。

2.1.1.3 空间表示方法

运用空间句法进行空间分割的最终目的是为了导出代表空间形态结构特征的连接图。目前导出连接图的方法有基于轴线地图的方法和基于特征点的方法。

1. 轴线地图和特征点图

轴线地图是用众多覆盖了整个空间系统的彼此相互交错的轴线来表达和描述城乡地区形态的地图。轴线地图应是由数目最少且最长的直线所构成的。由于现阶段还存在轴线地图的定义较为模糊，且在处理环行道路上还存在较大争议，以及与GIS结合较为困难等缺陷。特征点在空间系统的表达中往往具有重要意义，主要涵盖道路的拐弯和相交点等。

2. 连接图的导出

通过提取所有的轴线相交点作为连接图的端点，再依据端点间是否可达的规则，将可达的端点连接起来，最后形成轴线地图的连接图；特征点即为特征点图的端点，依据端点间是否可视的依据，将可视的端点连接起来，最后形成连接图。

2.1.1.4 空间句法形态变量

1. 连接值

与某端点相邻的端点个数即为该端点的连接值。在空间系统中，连接值越高，则可认为该空间的渗透性越好。

2. 控制值

假设系统中每个端点的权重都是1，则将某端点a直接连接的所有端点的连接值的倒数进行求和，就是a从相邻各端点分配到的权重值，这表示端点之间相对重要的程度，因此称该数值为a端点的控制值。

3. 深度值

深度值指在一个空间系统中某一单元空间到其他空间的最小连接数。深度值不是固定的数值，随着人类在城乡地区中观测点的不同、视距的远近变化、步距的大小变化，深度值都将发生变化。

4. 集成度

集成度用以表达空间系统中各个单元空间之间的集聚、离散程度。单元空间在空间系统中越为便捷，则集成度值越大；相反，若单元空间处于不便捷的位置，则集成度值越小。全局集成度用以分析单元空间相较于其他单元空间的中心性，局部集成度用以分析单元空间内部的空间分布状态。在空间句法中，往往用不同的颜色来表达各个单元空间的集成度值。

5. 智能度

智能度用以表达空间系统中各个单元空间间的关系是否具有相关性，反映各单元空间之间的连通水平。单元空间的智能度越高，在一定程度上越能反映所建立的空间系统全局。观测者通过观测局部空间范围内的连通性，并依据此方法能够获得整体空间信息多少的程度，作为其他看不到空间信息的引导。最后基于局部空间与整体空间之间的相互关系判断整个空间系统的智能度水平。

2.1.1.5 空间句法研究进展

1. 研究方法进展

通过对空间句法的研究，充分阐述了部分城乡地区布局现象，许多新的方法也由此应运而生。本书选取其中几个方面方法汇总如下。

（1）"自然运动"

"自然运动"是研究城乡地区空间形态与人流运动的关系。"自然运动"是城乡地区空间形态分析最基本的应用理论，该理论认为城乡地区空间形态决定着运动流的分布。空间形态与运动流分布息息相关，通过对建筑和城乡地区空间系统具体案例的空间形态结构分析研究，并结合实际观测到的活动和功能进行对比分析，在排除非相关因素后，可以发现空间形态与空间内部的活动有着极强的关联性。例如，在集成度、智能度较高的局部空间中的人、车流密度较高。"自然运动"可以预测人们空间形态的人、车流分布情况，从而为各类规划设计提供有力的指导依据。

（2）"运动经济体"

"运动经济体"是通过人流和车流来研究城乡地区社会功能和空间形态之间的相互关系。城乡地区的人流和车流运动与城乡地区的空间形态、用地性质（如商业零售）、道路网结构、建筑密度甚至盗窃等犯罪的分布都紧密相关，城乡地区空间结构通过人流运动而影响城乡地区功能和运行，城乡地区功能可看作运动的增殖效应。从这种意义上来看，城乡地区可看作结构形态作用下的"运动经济体"。人流和车流在一定程度上决定着城乡地区空间形态。

（3）"意念社区"

"意念社区"是研究空间结构形态对社会行为的影响的工具之一。空间结构形态通过对人流、车流的影响，在某些局部空间形成了人员聚集效应，即共同在场现象。共同在场是构成社区的初始因素，又是人们彼此联系的基本手段。通过进行合理的空间设计，依托对人流、车流与空间使用的相互影响，继而实现人员聚集，形成共同在场现象，这就是"意念社区"。意念社区不仅仅是人类单纯的聚集行为，它遵循一定的准则，聚集者涵盖当地住户和外来陌生人、男人和女人、成人和小孩等不同类别，其集聚模式和集聚目的均存在着显著的差异性，充分反映了空间结构带来的无形影响。另外，在关于空间结构安全感的研究在目前的城乡地区布局中，较多住宅区由于深度值较大，大大降低了陌生人之间的交流，随之住户也逐渐适应该类生活模式，当陌生人出现时，便会产生较强的警惕心理，甚至感到焦虑。相反在深度值较小的地区便不会出现该类现象。可通过改变空间结构，进而对人们相互联系的模式产生一定的影响，进一步影响到人们的社会行为。

（4）空间自构——自组织性

空间自构是研究城乡地区空间功能的自然形成的自组织规律。空间自组织有四个方面的规律：一是住宅、原始部落、现代小区、传统城镇、当代城乡地区等，空间的组织与构成具有一定的社会逻辑，它不仅仅是单纯的物理聚落过程，还是出于主观意识的社会组织过程；二是各类空间系统与自然人文社会具有相互影响的自组织规律，空间布局通过对人、车流分布产生的影响进而影响到空间分布和功能结构，并由于反馈与雪崩倍增效应，该影响作用将处于不断的演进过程中。经历较长的时期后，就自然形成较为成熟而复杂的空间形态，使空间的形式、功能、社会与文化等因素较好地吻合在一起；三是空间系统中各组构与组构间各要素均产生交互作用，小至街道，如影响局部的人、车流，大至整个城乡规划地区，如大范围的长途出行车流。在空间系统中大小要素与社会组构相互叠加下，出现了城乡地区中心，文化要素基于功能需求，将不同组构基于功能性区分，在特定尺度上形成了特定的空间布局、用地布局、功能布局和社会构成；四是自然人文社会与空间系统具有强关联性，相关资料表明，各社会组织与空间组构具有紧密的关联，并通过各种自组织方式得到平衡，且社会的稳定发展与其两者之间的关联性密切相关。

（5）空间认知——可理解性

可理解性即基于空间的整体与局部关系，对潜藏的认知水平进行量化描述的指标。若某个单元空间的变量值与整体空间系统水平相同，则认为该单元空间的可理解性较高。反之，其可理解性就较低。大量的实践研究证明，可理解性较低的空间平面，无论空间平面是否秩序规整，若没有清晰的指引工具，人们仍然容易在空间中迷失；相反，在诸多传统古镇中，虽然空间平面较为复杂无序，但可理解性较高，且在集成度较高的地方有众多的街道相互连接，对古镇不熟悉的游客仍能通过短时间的步行来到集成度较高的空间，因而不会迷路。在同一空间系统中，可理解性较高区域的居民对自身生活环境周围的认知水平较高，认知范围较大。同时，在可理解性较高的空间系统中，系统内人、车流等运动状态也能被较好地预测出来。这也说明了空间布局基于人们对空间的认知，在潜移默化中影响着人们的行为选择。

基于空间规划领域的专家学者研究发现，可意象的城乡地区一般其可理解性同样较高，但可理解性较高的城乡地区未必可意象，这也说明了可意象性的范围广于可理解性。

（6）空间考古学

空间考古学是从社会学维度来研究城乡地区空间结构与社会因素间的关系。基于对城乡地区空间结构的分析，能够进一步揭示无法直接表达而出的社会文化因素。主要通过以往大量的住宅空间平面的研究，发现其在空间布局上的特殊规律，并找出其中的关系。最后便可依据其关系，进而推断出家居空间布局对家庭生活方式的影响。且该方法同样适用于城乡聚落与建筑艺术作品的分析中。汉森于1998年对博拓等四位空间设计师设计的住宅展开了分析，发现一个优秀的建筑作品既要满足布局的规范性，又要具备使用的舒适性。派普内斯等学者也对帕拉第奥等建筑大师的作品进行分析，用以验证空间设计对建筑的重要意义。同时，在现有的研究成果中，空间句法的价值也已经在考古学、人类学与信息学等学科领域得到了充分的实践证明。

2. 研究领域进展

空间句法主要针对城乡地区形态、城市空间可达性、空间网络布局与人类社会活动间的相互关系等问题，使用数学模型中图论研究方法展开一系列的研究。空间句法的研究成果被广泛应用于城乡地区交通规划、城乡地区土地利用规划等问题中。专家学者们在空间句法的研究过程中，主要关注于住宅小区、养老院、城市基础设施和社会福祉机构等。这些研究均可证明各社会组织与空间组构具有紧密的关联，并通过各种自组织方式得到平衡，且社会的稳定发展其两者之间的关联性密切相关。专家学者们利用空间句法理念对城乡地区形态做了很多基础性研究。例如，Hillier分析了亚特兰大、海牙、曼彻斯特及设拉子的城乡地区形态，虽然这些城乡地区的空间平面几何图形相距甚远，但是经过全局整合后，它们空间布局呈现出类似"变形风车"的图形。此外，空间句法在分析和预测城乡地区系统中的行人流量，分析城乡地区街道布局特征，分析城乡地区土地利用、城乡地区犯罪制图、城乡地区建筑的结构布局与社会及文化间的关联、城乡地区交通规划与管理分析等方面中的应用也日益广泛。现阶段，国外空间句法研究逐步成熟，正在向创新应用方向发展。而国内对于空间句法的研究还较为落后，且较多的研究还围绕实证展开，缺乏理论与方法的创新研究。

2.1.2 智慧乡村建设理念

2.1.2.1 智慧乡村主要发展任务

1. 夯实智慧的信息化基础设施建设

国家十三五规划纲要中提到，加强信息网络建设，是改善设施、强化保障中的重要一步，对增强经济社会发展支撑力具有重要作用。加强信息技术设施建设，加快综合信息网络服务平台的建设，进而构建泛在普惠、人人共享、安全可信的信息网络。完善信息通信基站、通信管道布局，推进新一代移动通信网、下一代互联网和数字广播电视网建设，促进三网融合，提高互联网普及率，降低居民网络使用成本。加强重要信息系统建设，强化地理、人口、金融、税收、统计、档案等基础信息资源开发利用。搭建农村农业、产业发展、公共服务、社会管理等信息平台，夯实"互联网+"基础，推动电子商务、电子政务、网络文化、智慧乡村发展，促进重要政务信息互联互通，提升政府公共服务和管理能力。引进物联网领域高层次科研力量和重点企业，加快建设公共技术，建立产业化、技术标准与检测认证、应用推广等物联网公共服务平台，为发展物联网产业打好基础。加强网络与信息安全管理，强化党政机关互联网安全接入，建立网络信息体系，提高安全保障能力。加强邮政普遍服务、机要通信设施建设与管理。

2. 加快建设信息网络服务平台，构建泛在化的信息网络

加快综合信息网络服务平台的建设，建成泛在、融合、智能、可信的乡村地区信息网络基础设施，加快推进宽带光纤到户、互联网和第三代移动通信网络建设，大幅度提高乡村地区家庭、农村家庭宽带接入能力以及宽带接入率。社会各界可以公平、安全、便捷地享受便宜、高速的网络服务，形成更加开放的信息网络和枢纽平台，乡村地区生活全面进入网络时代。

2.1.2.2 "智慧"规划建设内容分析

1. 智慧化农业服务

促进农业的发展是政府部门关注民生的重要体现。充分利用现代信息技术，促进农业与信息化的深度融合，建设农产品溯源系统，对农产品质量安全进行全程追溯，链接农产品生产、流通、消费各个环节，保证农产品质量，提升农产品附加值。在农业信息化方面，建设农业信息网，及时公布农业相关政策信息，发布农产品市场需求，提供农业新闻视频，开展农业培训讲座以及专家在线访谈，为广大的农民朋友提供农业信息服务。

2. 智慧化产业服务

加强基于物联网等技术的旅游信息化基础建设，强化旅游监管，提升智慧旅游服务，借助便携的终端上网设备，主动感知旅游者的活动信息，收集的同时及时进行整合处理，让旅游者了解更多的旅游信息，同时方便旅游管理部门管理旅游活动、旅游营销部门展开营销工作。

3. 智慧化基础设施服务

以乡村地区共用事业等乡村地区运行信息为基础，以跨部门、跨地区的数据资源互联共享为手段，构建乡村地区信息公共服务平台，实现乡村地区运行信息的综合互动。通过先进的信息技术，充分发挥乡村地区运行中产生的各类信息的作用，逐步实现乡村地区运行信息的整合、共享和各类信息数据的发布、服务。智能预测、及时发现乡村地区运行中的隐患问题，形成快速响应、有效协调资源、处理乡村地区管理和服务的信息机制，为公众提供各类便民服务，为各级领导和乡村地区运行管理部门提供决策依据，提升乡村地区运行管理的智慧水平。

2.1.2.3 智慧的演进路径

智慧乡村是一个由浅入深、逐步推进的过程，智慧建设需要从把握近期、着手中期、放眼远期，逐步向信息化发展，从夯实信息基础、迈向信息提升服务过渡到信息创造价值阶段。

1. 构建智慧乡村基本框架

近期阶段以夯实信息基础为主，实现政府率先迈入智慧化门槛，乡村地区管理和社会服务信息化达到国内平均水平，信息化带动自主创新的能力显著增强，带动经济结构调整

和增长方式转变取得明显成效，初步建立起"智慧"的雏形。其中包括：

着力构建智慧公共数据库和公共服务平台建设，全面完成硬件设施的搭建，公共基础数据库全面建成并实现基本共享，公共服务平台支撑信息资源交通共享的效果初步显现。

大力完善乡村地区网络基础设施建设，基本实现网络建设统筹规划、网络资源有效利用、有线网络高速接入、无线宽带普遍覆盖、宽带服务满足社会各界需求、政府企业公众全面低成本上网等基本目标。

乡村地区管理信息化水平显著提升，乡村地区管理、公共安全、安全监测等领域实现信息化初步支撑，初步实现跨部门业务协同；各级部门核心业务全面实现信息化支撑，基本形成共享、协同的电子政务体系。

基于物联网等技术的旅游信息化基础平台建设基本完成，旅游监管作用得到一定加强，智慧旅游服务得到提升，初步建设成涵盖游客吃、住、行、游、购、娱等众多环节，贯穿游前、游后全过程，以及旅游服务、旅游管理和旅游营销于一体的智能化综合旅游服务平台，为广大游客、旅游企业、旅游从业人员和旅游管理部门提供即时、便捷、周到的智能化旅游服务。

初步建成农业综合信息管理与服务平台，通过此平台对农民生产生活、农村公共服务信息及相关数据进行管理和分析，提供对农业产品的生产、存储、销售及安全可追溯一条龙服务。

2. 智慧乡村初步形成规模

中期发展阶段以信息提升业务为主。各领域智慧化建设全面展开，经济社会智慧化程度进一步提升，信息化应用大大提升各领域业务能力和业务服务水平，"智慧"体系框架得到进一步充实与丰满，智慧建设初步形成规模。其中包括：

智慧公共服务平台功能得到加强巩固，各委办局全面接入，实现高效、全面的信息资源共享交换；公共业务数据库充分积累了丰富的尝试数据，公共服务数据库初步实现数据服务。

初步建成泛在、融合、智能、可信的信息基础设施。网络服务全面普及，不仅局限在乡村地区，农村地区网络使用率普遍提高，社会各界可以公平、安全、便捷地享受到价格低廉的网络服务，乡村地区生活进入网络时代。

智能化的教育、医疗、养老等公共服务全面惠及全体市民，并通过数据的整合与挖掘，催生出全新的服务内容和服务体验，信息化全面渗入衣、食、住、行、娱、购、游等，涉及居民日常生活的方方面面。

建立起乡村地区规划、建设、环境保护等多方面的智能化的应用体系，实现乡村地区的土地、水、环境等资源科学规划、调配和监控；市民与政府可以通过网络形式进行有效互动，社会生活与社会管理更加和谐。

旅游信息化基础平台建议全部完成，在整合游客吃、住、行、游、购、娱等众多数据的同时，进行深度挖掘分析，在基础数据处理的基础上，搭建集"导游、导航、导览、导购"于一体的智慧旅游服务管理平台，打造乡村地区智慧旅游形式。

农业综合信息管理与服务平台完全投入使用，结合实际情况，农产品溯源系统全部完成，连接农产品生产、流通、消费各个环节，农产品质量得到保证，农产品附加值大幅增加。打造农业信息网，建成综合服务信息平台，实现农业信息从产前、产中到产后的信息服务和全程指导。

3. 智慧乡村达到先进水平

远期发展阶段，以信息创造价值为主。智慧化应用进一步融合和普及，"智慧"的各项建设内容全面推进，并逐步形成统一的整体，智慧化服务全面普及，通过信息的挖掘与利用，实现业务价值的创新和提升。其中包括：

形成更加开放的信息网络和枢纽平台，信息资源得到深入开发和利用，区域经济、产业、文化、科研等各方面的信息资源得到聚集整合以及深度开发；信息化汇聚创新要素的能量得到充分发挥。

构建覆盖全乡村范围的智慧交互平台，确保居民能够便捷、快速地获得生活资讯。实现居民与社会基础服务设施的联通性，提供智慧医疗、智慧行政、智慧学习等各类必要的社会活动。

大力推行物联网技术在智慧乡村中的应用，将乡村中各个物件通过物联网技术构建数据平台，形成便于管理决策的智慧乡村管理系统，一方面提高了管理效率，另一方面，信息化水平的提升能够优化资源配置，合理安排空间布局，促进人与社会、自然的融洽共存关系。

2.1.3 整体性保护理论

整体性保护是从技术角度探讨保护和更新的问题。从世界潮流来看，整体性保护的概念一直在深化当中。从1933年《雅典宪章》、1964年《威尼斯宪章》、1976年《内罗毕建议》，到1987年《华盛顿宪章》中对保护内容的阐述，可以清晰地看到整体性保护概念的变化，即从对有价值的单体建筑的静态完整保护，到更加动态的、广泛的保护历史建筑及周边环境和与之相关的风貌等有形层面，并保护生活形态、文化形态、场所精神等无形层面。保护指既要保护历史建筑及其周边环境和与之相关的风貌特色，还应保护生活形态、文化形态和场所精神。发展就是贯彻可持续发展观，使传统村落保护和更新适应新的社会发展和现代建设要求，即以人为本、适应时代发展的要求。

传统村落是历史文化的浓缩，对风貌特色以及意识具有至关重要的作用。从整体性保护的原则来研究保护、更新与复兴，就是要强调对所蕴含的失之不可再得的历史文化信息资源以及独特的城乡地区风貌、生活形态的关注，通过对原始建筑形态、街坊风貌、生活场景及历史文化资源的保护和整合，达到传承文脉和城乡地区环境平稳进化的目的，目标是要避免具有吸引力的传统村落整体风貌和历史建筑遭受破坏，防止突变切断了文脉的传承；同时，又要在继承和发展的基础上，从现存保留的事物中用复兴的办法找到未来可能的发展方向，发挥历史文化资源在传续文脉中的作用，同时促进传统村落的经济复兴。

2.1.4 可持续发展理论

所谓"可持续发展"（Sustainable Development）战略思想，是1992年联合国在巴西召开的"环境与发展"会议上通过的《全球21世纪议程》中提出的人类社会经济发展的原则，其基本含义是"既满足当代人的需要，又不对后代人满足其需要的能力构成危害的发展"。这一倡议得到全球的赞同，之后各国纷纷响应这一号召，实现社会、文化的可持续发展。1994年我国政府制定了《中国21世纪议程》，其中明确指出可持续发展将成为中国制定国民经济和社会发展中长期计划的指导性原则。政府和社会的普遍接受，推动了各个部门、学科在本领域内探求可持续发展的对策。

我国的传统村落往往是经过长期的历史积淀和文化积累形成的，其地理位置也大多位于城乡地区外围。面对快速城市化和旧城改造的双重压力，传统村落的保护涉及的方面越来越多，已经成为包括经济、社会、文化、环境在内的巨型工程。传统村落的可持续发展涉及历史文化的延续、经济发展的可持续、社会发展的可持续、生态环境的可持续四个方面。纵观我国传统村落保护和更新中存在的问题难以解决，其实质就在于没有处理好这几个方面之间的关系。最为普遍的两种现象就是为了追求经济利益而忽视了历史文化的保护和社会的公平正义，由此产生了诸多的社会矛盾；另一个现象就是死板的保护模式，由此造成经济的难以为继、环境恶化等问题，也不利于历史文化的有机延续。

从可持续发展的角度出发，要求将传统村落的更新置于发展的大格局之中，在保护城乡地区结构肌理、传统风貌、文物古建的基础上，保持传统生活方式和地域特色，发挥传统村落的空间价值和经济价值，通过以旅游为主的相关产业发展为基础，注重社会资源的公共性和公平正义，鼓励公众参与，制定科学的规划，以此推动传统村落的整治和改造，实现传统村落的复兴，焕发古城魅力。当然其中涉及的具体措施应因地制宜，仔细推敲，制定有效的保护、更新和复兴策略。

2.1.5　建筑符号学认识论

新的科学学科符号学在20世纪的产生仿佛为如何解决设计问题开辟了新的可能。符号学克服了对艺术活动个别环节作科学研究的片断性，因此，符号学方法能够研究具有形式化性质独立地以某些词带有与之适宜的语法的形式存在着的符号系统。

后现代主义的出现，令建筑符号学备受关注。由此，语言、语汇、语义、词汇等一系列语言学专用的名词也被用在了建筑书刊中，这无疑给建筑界增添了不少新的活力和生机。符号学的建筑手法主要有语义重赋、解构、重构、隐喻、换喻等（后现代的表现手法）。迈耶常把字母和词句片断按照构图规律加以切割、删减、排列、拼合，作为创造视觉效果的方法，这种方法的实质就是把形式要素从具体内容中抽象出来，按特定的意向加以组织。文丘里为普林斯顿大学设计的胡应湘堂，就把中国的石碑当作象征符号来运用，并非是一个纯粹的装饰品，福州传统建筑的门楼、门头、窗、封火山墙等皆是代表福州地区建筑特色的经典符号。

2.1.6　建筑空间组合论

建筑的首要价值体现在它的可容纳性，我们所需要的它的空间。同时内容决定性质的理念，在建筑中表现于建筑的空间功能需要具有针对不同需求的空间形式。然后空间形式并不是由空间功能单方面所决定的，人们的审美、工程建造施工技术、建设用材等因素均会对其产生显著影响。所以，可理解建筑空间功能是空间形式的制约要素之一。

只有在建筑空间与建筑功能共同发展的情况下，充分考虑两者之间的相互关系，两者相辅相成共同促使建筑的发展完善。因此在进行城乡地区的建筑空间设计时，在设计前期应充分考虑不同的空间形式与空间功能的关系，以及会对建成后的使用者带来的正面与负面影响，才能进行后期的规划设计。

2.1.7　空间设计方法集成

2006年4月1日，新的《城市规划编制办法》开始施行。该办法的提出一方面要求城乡规划设计师们立足于城乡发展现实，关注现实问题；另一方面在规划设计时需要充分关注当地的自然、人文风情。将城乡地区设计的理论与方法，应用于解决实际问题。

1. 城乡地区设计方法

城乡地区设计方法主要以具体工作程序形成城乡地区设计的理性方法，使"形而上"的设计具体化，使不可见的设计创作变得可以把握。

• 资料收集与分析

首先，收集的资料主要涵盖自然地理与社会经济等要素，如地形地质、气候、经济报告等，收集资料的方式主要通过现场调研、访谈等形式进行。其次，在进行资料的分析时，需要结合实际设计所需，考虑不同城乡地区的空间布局，为城乡地区空间设计奠定基础。

• 明确设计目标

结合前期调查得到的城乡地区现状及发展设想，明确设计城乡地区规划设计的目标与任务。设计的目标与任务主要包括：明确城乡地区规划设计要求达到的空间效果，并确保设计与城乡地区的功能定位一致，不影响当地居民的日常生活。

• 确定设计结构

在具有明确的设计目标后，基于设计目标构建城乡地区空间设计中各个元素之间的相关关系，以确定设计结构。要求保证各个元素之间达到整体性要求，通过建立起相互之间的关系，成为一个组合。

• 提出设计方案

系统地进行设计范围内的城乡地区空间设计，遵循设计结构，对各个城乡地区设计元素进行设计，并通过图纸与模型等方式表达出来。在此过程中需要注意的是要与设计目标、设计结构的结论进行交互的修正，以达到合理的目的。

2. 城乡地区设计的基本元素

城乡地区设计的基本元素按照整体到局部的原则可分为以下几类：

• 用地布局

用地布局为城乡地区规划设计的重要因素，它不仅关乎城乡地区的空间布局，还需要将整个城乡地区的空间形式和空间功能加以考虑。同时，为了确保整个城乡系统的协同运行，还需要充分关注各个功能空间之间的关系。

• 道路系统

道路系统也覆盖了整个规划用地，而且道路的组织方式提供的实际上就是规划用地的空间结构，它起到了联系各个独立的城乡地区设计元素的作用。

• 公共空间

公共空间的设计是城乡地区设计的重点，由于公共空间为当地居民日常生活的重要聚集地，它们往往需要具备更多的空间功能要求。

3. 城乡地区设计的维度与结构

城乡地区设计的维度与结构主要由物质形态、领域意义与认同两个方面组成，它是我们认知城乡地区规划设计的角度，也是明确规划设计过程各个元素之间相关关系的重要工具。

• 物质形态

物质形态包含以下一些具体内容：尺度、界面、形式、空间。它们以一定的比例尺度，形成不同的街道界面，并以不同的建筑、标志、绿化形式营造不同的空间感受。

• 领域意义与认同

不同的空间形式所传达的信息是各不相同的，我们同样能够通过其形式进一步认识当地的相关自然、人文要素。该类要素是经过长期的社会环境与历史经验总结得出以体现各地独具一格的空间特色。空间形式主要有传统与现代、开放与封闭等种类。

2.2 传统村落核心技术研究

2.2.1 概述

传统村落保护工作除了要在理论基础上明确标准外，还需要结合当前先进的传统村落研究、保护、改造技术，以增强建设改造的科学性。较为关键的技术包括：利用空间句法分析传统村落空间敏感性、传统村落保护与更新、传统村落景观风貌改善、传统村落复兴、传统村落基础设施综合提升技术等，每个方面的技术都可开展进一步的研究深化。

2.2.2 传统村落基于空间句法的研究分析

空间句法是通过对包括建筑、聚落、城乡地区和景观在内的人居空间结构的量化描述，来研究空间组织与人类社会之间关系，是伦敦大学巴特利学院比尔·希列尔（Bill Hillier）和朱利安妮·汉森（Julienne Hanson）等人发明的。早在1974年，比尔就用"句法"一词来代替某种法则，解释空间安排是如何产生的，到1977年，空间句法略具雏形，经过20余年的发展，空间句法理论从基础理论、方法及分析技术上不断得到完善，并且开发出一套基于GIS的计算机软件，应用于各种尺度的空间分析，并在建筑设计、城乡地区设计、城乡地区规划、交通规划等诸多领域得到广泛应用。2003年，在伦敦举行第四届空间句法研讨会，收到来自世界数十个国家和地区的论文，从不同角度对空间句法进行了多视角的探讨。同时日趋成熟的空间句法分析技术，已经成功应用于商业咨询。理查德·罗杰斯、诺曼·波斯特等知名空间句法事务所也应运而生，在众多的建筑设计、城乡地区设计和城乡地区规划、交通规划项目中雇请空间句法公司进行空间分析，为设计和规划提供了强有力的技术支持和引导。比如对用地布局和步行流动模式进行分析，探讨在破碎的、可理解度低的空间系统中，空间布局和网络结构对步行人流的影响，同时也评价社会形态在形成不同尺度之间关系中所扮演的角色，而这被认为有助于产生城乡地区生活的感觉和压力。

利用空间句法理论和分析方法，对传统村落街巷和院落空间的构形开展定量化的分析和描述，可形成对传统村落空间敏感性的理性判断，提出空间潜存的基本构形规律和可能的使用方向。

2.2.2.1　集成度相关性与传统村落空间的感知程度及中心性研究

通过对传统村落空间集成度及中心性的分析，研究传统村落与大范围整体空间的智能度、传统村落局部空间与整体空间的结构关联度，以及传统村落在区域范围内的重要性。

2.2.2.2　平均深度值与传统村落的空间结构研究

通过对平均深度值的分析，研究传统村落空间的交通便利性以及视线通视程度，以形成对传统村落的街巷空间的理性认知。

2.2.2.3　局部集成度与传统村落的空间结构研究

通过对局部集成度的分析，研究传统村落与外部空间，以及传统村落内部空间直接的联系强度，由此，形成对传统村落空间活力程度的理性判断。

2.2.2.4　集成度与传统村落空间节点及空间功能叠合研究

通过对空间集成度以及平均深度值的分析，研究传统村落空间与功能的契合度，进而为传统村落空间与功能的合理更新提供技术支撑。

2.2.2.5　建筑材料、色彩与特色符号等的空间句法研究

新建建筑宜因地制宜，鼓励就地取材，采用经济且易实施的技术手段。

1. 新建公共建筑

在延续文脉的基础上，鼓励从建筑形式、材料选择到空间手法、建筑技术的全方位创新，注重建筑与环境的共生、与地方气候的适应性。建筑形体上应避免过于突兀、巨大的建筑体量出现，通过单元组合，在保持自身形象协调与和谐的同时，更应重视与周边自然环境、建筑环境的协调和过渡。建筑要素上宜采用当地材料，研究改进地方做法，以适宜的技术工法创造乡土气息和设计创意的建筑形式。

建筑设计应整合景观设计，统筹考虑室内外空间的过渡。加强转角、对景等重要区域建筑的形象识别性。

2. 新建住宅建筑

总体风格上应与当地现有建筑整体风貌相协调。建筑形体的体量不宜过大，以低层、多层建筑为主，建筑高度不宜超过18米（构筑物除外），平面布局宜采用多个小体量结

合。建筑形式宜采用低层坡屋顶形式，鼓励屋顶设计平坡结合。

建筑形式、材料、色彩、细部等要素应在组团范围内保持整体统一。建筑色彩主体宜采用白灰色、灰色、褐色、木色等，屋顶宜采用灰色、褐色，门窗外框宜采用木色、栗壳色，并进行适度的装饰处理。传统地方建筑周围的建筑应采用低饱和度、高明度、偏中性的色彩。

3. 建筑色彩控制

结合自然，应注重建筑色彩与绿化、河流、山体环境色之间的映衬组合关系。建筑色彩类别应与所划定功能区域及建筑自身特征相吻合。历史建筑基调色应继承历史传统色彩，具备当地原生印象的木材、石材等建材特征。应保持建筑外立面主色调、辅色调的协调，强调建筑色彩间的平衡关系。

有历史文化传承的民居宜体现福州建筑风格，保护建筑样式、材料、结构、施工工艺等历史原真性。宜开展全面普查，将具有历史文化艺术价值和独特福州建筑风格的建筑物和构筑物，建立名录，实施分类保护。

当地传统木构建筑：屋顶宜采用灰色，墙面门窗宜采用木色。

当地传统石构建筑：坡屋顶宜采用灰色、褐色，平屋顶宜采用白灰色，墙面宜采用石头原色，门窗宜采用木色。

4. 传统村落建筑材料

宜采用木材、石材、砖瓦等作为建筑材料。山区宜选择木质材料，材料宜取自当地盛产的木料。福清、平潭等地宜选择石质材料，如青石和白石等。少数民族地区宜使用砖瓦材料，材料宜使用烧制青砖。

5. 建筑特色符号

屋顶：福州民居屋顶坡度平缓，宜采用悬山和硬山两种做法。

封火山墙：封火山墙宜采用马鞍形、国公帽形、圆弧形、尖形，其起伏的高低应适应瓦屋面的坡度。

山水头：民居风火山墙头宜做燕尾翘起，且配灰塑彩绘精美的线脚及堵框，彩塑狮子、山水等装饰。

门楼：宜采用单坡坡檐门罩，由大门两侧墙体中伸出的木栱支撑；门楼墙裙宜用石头堆砌，墙身夯土，外表面用白灰或灰烟粉刷。

木构架装饰：清水梁架表面宜以浅雕白灰底形成素雅的装饰图案，体现福州地区民居特有的装饰手法。

门窗：宜雕刻民居中的门窗漏花，或卡榫或镂雕。

木栏杆：民居宜采用木质栏杆，清水表面不施油漆，造型简洁、朴实无华（图2-2-1~图2-2-3）。

2.2.3　传统村落复兴技术

城乡地区复兴理论是在欧洲城乡地区面临地区经济结构重组与逆中心化或郊区化的双重背景下产生的，这些变化导致了中心区的衰退，而在传统的工业城镇，特别是以化工、纺织、钢铁制造、重工业、造船、港口、铁路运输和采矿业为支柱的地区尤为明显，典型的如德国鲁尔地区、法国Nord地区、比利时的Sambre和Meuse地区等。面临着衰退的这些欧洲城乡地区，承受着复杂的经济、社会、物质环境、生态环境和财政问题的种种压力，在处理遗留下来的夕阳产业时，不得不为投资和经济的增长进行新一轮的竞争。这种背景下，许多城乡地区经历了消除贫民窟—邻里重建—社会更新的发展脉络。与此对应，后来该理论也推广延伸到传统区域如村落从繁荣到衰弱，并希望全面复兴的研究上，反映了在经济社会结构变迁背景下，规划调控新的视野和维度。

2.2.3.1　传统村落衰落的表现及深层次原因分析研究

分析传统村庄在建筑本体、功能、形象、区位交通以及经济上的衰落表现，挖掘其背后的社会经济深层次原因。

图2-2-1　**鼓岭宜夏村街道**
（图片来源：陈硕 自摄）

图2-2-2　**鼓岭宜夏村木栏杆**
（图片来源：陈硕 自摄）

图2-2-3　**鼓岭宜夏村门窗**
（图片来源：陈硕 自摄）

2.2.3.2 传统村落复兴的动力机制研究

综合比较国内外传统村落复兴的成功和失败案例，梳理推动传统村落复兴和持续发展的动力源，研究与旅游开发、产业提升、乡土重建等动力源相符合的动力机制。

2.2.3.3 传统村落复兴的政策保障措施研究

研究传统村落复兴的保障措施和政策激励，研究政府主导、多方参与的发展模式，研究在融资模式、组织模式和配套政策等方面的保障措施。

2.2.4 传统村落整体性保护与有机更新技术

整体性保护是从技术层面对传统村落保护和有机更新等问题展开研究。从世界潮流来看，整体性保护的概念是在一直深化和发展的基础上确定的。从1933年雅典宪章、1964年威尼斯宪章，到1987年华盛顿宪章中对保护内容的阐述，可以清楚地了解保护概念的变化，即从单一向广泛，静态向动态的发展趋势，涵盖生活、文化、场所等层面，并保护生活形态、文化形态、场所精神等无形层面。

英国规定要保护"有特殊建筑艺术和历史特征"的地区，首先考虑的是地区的"群体价值"，包括建筑群体、户外空间、街道形式以至古树。保护区的规模大小不等，要求城乡地区规划部门制定保护规划细则。保护区内的建筑不能任意拆除，新建改建要事先报送详细方案，其设计要符合该地区的风貌特点。

日本在《第三次全国综合开发规划》中提出了对历史环境中有形的物质形态和其背后无形文化的整体性保护观点："通常在历史环境的保护中，与特定的文化财产的保护、保存相比，居民自觉地关心生活中的文化要素和以城镇空间与历史共存的方式进行的保护更为重要。"

经过长期在传统村落领域的理论与实践总结，我国有经验也有教训，保护思想的发展，也经历了"从单体建筑保护到单体建筑、环境的保护到单体建筑+环境、非物质文化的保护"三大阶段。同整体性保护的思想相一致，整体性保护应当包含保护和发展两个方面，即是指既要保护传统村落的历史建筑及其周边环境和与之相关的风貌特色，还应保护生活形态、文化形态和场所精神，以使村落可持续发展，使传统村落适应新的社会发展和现代建设要求。

2.2.4.1 传统村落整体保护技术研究

从传统村落空间形态、建筑艺术、文化传承等方面，分析传统村落的整体性特征，制定传统村落建设的控制性导则以及支持传统村落可持续发展的保护实施细则。主要包括街坊整体格局肌理、街巷空间尺度、建筑沿街立面形制、传统村落天际线等传统风貌元素的整体格局保护。

2.2.4.2 传统村落有机更新模式研究

研究传统村落的发展模式，研究国内外有机更新的成功案例，根据不同发展模式，制定与之相适应的更新模式，提倡小规模渐进式的有机更新模式，研究传统村落渐进式有机更新的分类保护策略。

2.2.4.3 传统村落有机更新策略研究

建立传统村落空间、建筑、活动等构成元素的价值分级评价体系，为传统村落更新对象的选定提供技术依据。以发展的思路研究现代建造技术、空间安排及活动内容与传统村落的共存方法，延续传统村落的空间特性及文化内涵。

主要包括采取微干预技术对传统建筑本体进行保护性更新，对传统街坊、格局、肌理、风貌等进行保护性更新改造，对传统村落的各类建筑使用功能进行适度更新调整以实现传统村落综合功能提升。

2.2.5 传统村落景观风貌改善技术

村落生态环境规划的目的是要建立起具有优质的环保体系、高效地运转体系、先进的管理体系、完善的绿地生态系统、土地得到高效集约利用的村镇。为此，传统村落景观风貌改善需要生态学、环境科学、地理学、社会学、经济学、行为学、心理学等学科知识进行融合，变单纯的建设为社会、经济、自然综合规划设计，从方法研究、技术设计和规划编制等方面着手构建村落规划的平台，并以此选择试点村镇开展示范研究。

整治、保护、发展和塑造传统村落景观特色，保证传统村落景观发展过程的可持续性。对传统村落空间景观主要研究分析传统村落空间景观的特征，挖掘山水自然景观的价值，挖掘人文底蕴和文化内涵，在空间组织、绿化系统、景观系统、建筑单体立面改造中加以运用，改善空间环境，以自组织模式为主，以传统村落内在需求为发展动力，引导传统村落自我修补与完善，渐进式改造提升。

2.2.5.1 传统村落景观风貌评价体系研究

选取具有代表性的评价因子，制定地域性传统村落环境与景观风貌的量化评价系统，建立传统村落环境分级评价技术。

2.2.5.2 传统村落景观改造建设引导细则研究

完善传统村落公共空间界面整治及传统风貌修复技术，完善新建民居外观协调整治与改造技术。研究具有地域特征的传统村落建筑建设导则、有价值建筑及空间的评定和保护要求、绿化景观的建设引导等细则体系。

2.2.6 传统民居保护改造和功能综合提升技术

我国幅员广阔，民居种类众多，民族性和地方性突出，民居的功能和结构形式多样。我国传统村落住宅一直沿用砖石、砖木、石头、土木等结构形式，建筑品质低，结构构造不合理，使用寿命短，产业化水平低，施工技术和施工效率低，另外，建筑材料对土地和环境资源侵占严重。发达国家已应用各种复合材料进行农村住宅建设，并且其工业化、标准化和装配化程度已经达到较高的水平。几千年的历史变迁，再加之城乡地区建设、结构形式、建筑材料等方面的原因，年久失修，大量损坏。为保护我国建筑遗产，延续建筑的传统文化，保护与拯救传统村落，改善与提升村镇人居环境，要重点研究传统民居保护改造和功能综合提升技术。

2.2.6.1 传统民居修缮与维护技术研究

通过乡土材料应用、地域元素表达、建筑风格统一、乡土文化植入和生态低碳保证五大应用，研究传统民居保护结构低成本加固改造技术。

2.2.6.2 传统民居可持续利用技术研究

研究传统民居"非结构性"厨卫设施增设及改造技术，研究传统民居内部现代化与居住空间环境改善及节能综合技术，研究传统民居使用功能调整、转换与再利用技术，研究与传统民居保护相适应的使用性能提升技术。

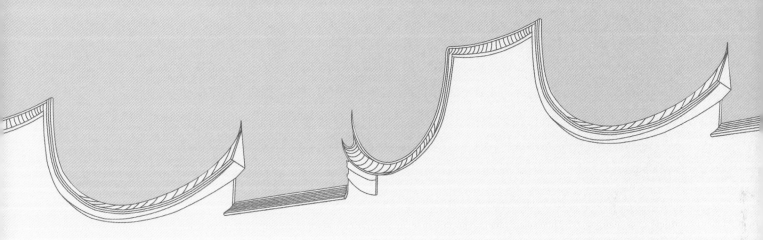

第 3 章
福州传统村落空间形态研究

03

3.1 空间句法在村落空间形态分析中的应用

3.1.1 空间形态与空间认知

在自然因素、社会经济因素和人文文化因素的综合影响下，产生了不同的空间形式与空间功能，传统村落的空间布局随之同步形成。传统村落的空间布局复杂，其具体形态取决于空间功能与空间认知。不同的空间布局所产生的空间认知是不同的，为了明确传统村落的发展路径，我们需要对传统村落持有正确的认知，了解当地特征与其发展规律，作为发展的指导依据。因此，空间形态与空间认知的研究是传统村落保护与发展的前提与基础。

空间认知的概念——人与环境互动的关系正是空间句法理论描述空间的基本原理，它将人类活动与空间形态有机结合，理解村落空间的社会逻辑语言，并定量地描述村落空间形态特征，深入理解村落空间的本质，建立认知过程模型，探寻传统村落空间形态的普遍特性和人们的共同社会需求。描述空间构形、量化空间行为可以进一步来研究人们的空间认知。

3.1.2 传统村落空间形态的构成要素

在顺应和改造自然环境的历史进程中，人类聚居的群落形成了独具特色的空间形态。传统村落同样由一系列物质要素和非物质要素构成。其中，物质要素是构成传统村落的有形体，依托建筑、自然等具象物质进行表达；非物质要素主要包含文化、风俗等，表达了传统村落的特性。

从宏观上看，传统村落的空间形态主要由自然环境和建成环境两大要素组成。其中，自然环境主要包括山河湖海等地理地质因素，是传统村落选址的重要考虑指标。由于人们受到中国传统文化中风水的影响，在传统村落选址的过程中，自然而然形成了传统村落空间与自然环境的完美契合。而建成环境主要包括建筑、街道等人为建造的、非自然形成的环境。村落空间系统在不同层面上包含着重复的要素，并且各个要素之间可以相互转化，它们共同形成了清晰、完整的村落空间形态。

3.1.2.1 建筑

建筑是组成传统村落的基本单元，主要由大量的当地民居与较少的公共建筑所构成，均从建筑的结构、建造手段、细部装修等方面反映了传统村落的物质、文化内涵，影响着传统村落的整体面貌。传统村落的建筑以"间"为构成单位，通过不同的空间组合方式，形成多姿多彩的传统村落空间布局。主要的院落形式有"冂"形、"口"形、"＝"形、"L"形、"一"形，其中传统院落以前三种形式为主，现代院落则以后两种形式为主。

3.1.2.2 街巷

街巷是构成传统村落空间布局中的关键因素之一，起到分离、连接等的作用，其影响着传统村落的内部秩序与外部发展，有效整合了传统村落的空间形式和空间功能。传统村落中的街巷系统主要分为两个层次：其一是贯穿传统村落，影响着传统村落内外的主要交通街道；其二是影响街道与传统村落之间细部关系的小巷。街与巷之间的相互交叉，主要有直线型、折线型和曲线型，构成了传统村落中的交通体系。传统村落的路面铺装材料往往因地制宜，就地取材，采用地方特色的材料。

3.1.2.3 村落绿地

传统村落绿地同样是塑造村落空间布局的一个重要因素。按功能性要求分为生产型、生活型与生态型三类。生产型绿地是指传统村落中居民进行农业作业用地，它不仅为当地居民提供了生活必需的种植场地，推动了经济的发展，还是营造传统村落绿化景观的重要元素，美化村落景色；生活型绿地主要由当地居民日常生活、娱乐等场所构成；生态型绿地包括村落背景林、河流防护林地等，是村落的自然绿色保护屏障，烘托了村落的自然风貌。

3.1.2.4 自然环境

自然环境要素主要包含气候、地理地质、自然资源等因素，作为传统村落发展的物质基础，是传统村落当地特色形成的根源。它对传统村落的生态、人文景观等方面产生显著的影响，对传统村落空间布局有一定的决定性，主要体现在选址、空间范围以及建筑结构等方面。不同的自然要素在各个方面对传统村落的空间布局具有相应的影响：气候条件决定着村落建筑朝向及构造，地形地貌决定着村落的整体格局等。

3.1.2.5 公共空间

村落公共空间是村民日常活动交流的场所，是村民生活方式的物化，是村民日常的生活需求，是村民的生活习俗和建筑文化的沉淀和体现。适宜的空间尺度以及绿化环境是公共空间吸引人们逗留的重要因素，增加了居民对村落空间的认同感和归属感。公共空间往往依附于建筑、树木、水体、街巷等其他村落绿地要素而存在，既是它们的组成部分，又是它们相互联系发生关系的媒介。

3.1.3 空间句法对传统村落空间要素的影响

在过去的空间描述方法中，传统村落空间形态由建筑、街巷、村落绿地、自然环境、公共空间五个要素构成。在该描述方法中，虽然描述了传统村落空间中的各个构成要素，但缺乏对各个要素之间相互关系的表达。而空间句法则基于传统村落空间系统整体，空间句法从图示语言角度深化了对村落空间要素的逻辑化和图像化描述，量化分析了各要素，揭示了可视元素之间的相互关系与可读性。

村落的街巷空间可以被分解为由一系列实体边界所限定的凸空间。依照空间句法的概念理解，任意两点可以互视的空间叫作凸空间。凸空间之间不受建筑物的视线和步行的遮挡所能形成的最长延伸线称为轴线。用直线来概括凸空间（在数学上具有唯一性），将空间结构转译为轴线图。假设有一个矩形空间，可以把凸空间转译为这样的轴线图。显然，轴线意味着你能看多远、走多远、感知多远。保持村落中所有凸空间的连接关系不变，把空间抽象为相互联系的拓扑空间，用最长且最少的轴线穿越所有的凸空间，就构成了村落句法轴线地图。空间句法将村落尺度下的街性空间转化为轴线分析图，用轴线模拟村落街巷系统，通过计算机软件的辅助运算，通过轴线分析图，我们可以看到自然环境要素与建成环境要素的关联与可读性。运用空间句法理论来研究传统村落的空间形态，解析空间的形态特征与人的行为活动的关系，从而揭示传统村落空间形态和表面形式背后的深层结构特性。

3.2 福州传统村落空间形态的空间句法研究

3.2.1 传统村落空间构形分析

由于传统村落发展的速度较为缓慢，可在发展的过程中通过不断调整以满足当地居民的生活所需。所以在对传统村落空间形态进行研究的过程中，为了准确把握传统村落的发展脉络，需要结合当地居民的日常生活进行考虑。为探寻传统村落空间形态及其与人类社会的内在联系，句法建立了空间的数理模型，尝试定量地分析村落的空间形态和表面形式背后的深层结构特征。

3.2.2 空间句法的传统村落空间特征分析

传统村落的空间形态由少量的长轴线和大量的短轴线交织而成。且具有以下特点：其一，长轴线主要分布在传统村落的主要交通干线中，大多以直线型布局；其二，两个方向的轴线相交时，由于受风水的传统观念影响，一般形成"丁"字路口。这使得轴线系统在某种程度上保持了不连续，形成了局部空间组织的不连贯布局形式。

3.2.2.1 村落集成核的空间特征

在对传统村落的全局集成度的分析中可知，由于可达性以及社会活动较为频繁等特点，导致传统村落中心的空间集成度较高，成为传统村落的核心地带。同时，集成度由传统村落中心地区向周围地区呈现递减的态势，导致传统村落边缘地带的集成度低，但当入村道路空间作为村落边界时，此空间轴线的集成度会大大提高。

3.2.2.2 村落集成核的社会功能

传统村落空间集成度较高的地区主要集中在店铺、祠堂、服务点和广场等生活功能地区，其形成具有一定的自发性，存在着某种社会规律。祠堂是传统村落中等级最高的建筑，它们所处的位置毗邻集成度最高的街道而占据了村落中的有利位置。村落中的其他公共建筑也大多分布在集成核区域或其附近区域。

3.2.2.3 村落集成度较低区域的空间特征

传统村落当地居民生活区的集成度较低，导致外人难以到达，形成了相对安静、宜居的生活环境的同时，还产生了一定的防御作用。传统村落集成度自高到低的变化分部，在一定程度上反映了传统村落的空间特性的变化，由公共性到私密性、外向型到内向型的发展。传统村落空间既有开放性又有隐蔽性，既能很好地服务于本村居民，又能使外来者感受传统村落空间的神秘魅力，从而起到传承传统村落空间脉络、保护村落的作用。

3.2.3 福州传统村落空间形态的普遍特性

传统村落的形成具有一定的自组织性，不受限制性因素的影响，在自身发展的过程中，通过当地居民的日常生活以及社会活动等，在潜移默化中不断产生质变。传统村落的空间形态与城市空间形态发展不同，它并非扩展延伸的形式，这也确保了不同的传统村落根据其自身所处的地理位置、人文环境等孕育着各自的当地风情，形成了具有当地特色的空间形态。我们可从句法角度归纳出传统村落空间形态的几个普遍特性。

3.2.3.1 历时性空间形态

历时性是传统村落空间形态最基本的特征之一，即传统村落的空间形态总是处于一个动态的演变过程中。传统村落的形成主要经历两个阶段：其一，通过建筑物的聚集形成传统村落的基本空间框架；其二，通过当地居民的日常生活以及社会活动，推进空间功能的发展完善。传统村落的发展依托于人类的生产生活，是人类活动与物质空间的交互过程，其空间形态与空间功能均反映传统村落当地的生活与环境的发展与变迁。这便要求我们在保护和发展传统村落时，需要考虑传统村落的历史性空间形态，充分考虑当地居民的情感因素，注重传统村落历史沉淀与现实需求的整合。

3.2.3.2 有机性空间形态

传统村落的有机性包含两个方面的内容：一是类比于生命体的生长、变化、继承等自然过程的独特特性；二是村落整体与局部之间和谐辩证的关系。传统村落的发展由集成度较高的村落中心地区向周边不规则扩散，具有一定的自组织性。中国的传统都城讲究四平八稳呈显著规则的方形布局，人们在认知空间的过程中可通过相似以及关联性较强的元素将其整合，能够明确把握规则的空间布局。但传统村落的空间布局有别于传统都城，呈现为不规则形，空间关联与元素无法直观识别，我们可通过小范围的局部空间特征去检测整体空间特征。传统村落的空间布局总是根据当地居民生活的规律性决定，整个村落空间保持着一种类似有机生命体的动态的自我平衡。

3.2.3.3 自主性空间形态

空间句法解释了空间布局形成的自发性。尽管传统村落空间的生长会受到村落文化思想、等级制度、经济水平、日常行为规范等的影响，但整体空间布局的发展仍存在一定的自发性。传统村落的营建活动是约定俗成的，所有的村民都下意识地依照这套法则自主建设村落。因此，村落的建设营造活动是村民本身参与决策与实践的，符合大多数人的利益，村落空间与村民行为活动有着一种不断调整、磨合、相适应的过程，这体现了自发式建设的特征。传统村落这种自发式的建造行为通过空间再现了文化，即传统村落的空间形态反映了深刻的社会文化，并建构了日常社会生活的物质基础，且这一过程是无意识的，是自发的，体现了传统村落空间形态的自主性。

第4章

福州传统村落历史文化复兴策略研究

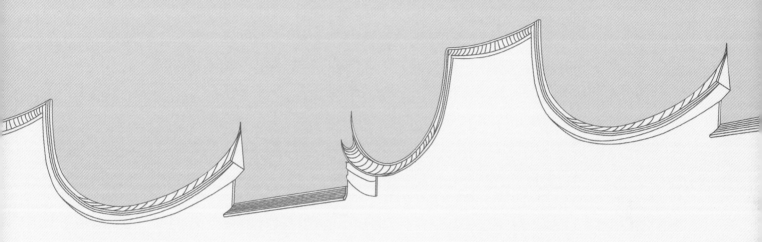

福州传统村落众多，具有深厚的历史积淀，应把传统村落保护、文化传承摆在突出位置。尊重历史，精心保护传统村落的肌理和建筑形态，保护传统村落的重要环境要素，如古树名木、非物质文化遗产、传统村落整体格局，逐步实现全记录档案管理、逐步保护和改善的目标。

以系统性、实用性、经济性和可持续发展为出发点，开展传统村落适应性保护及利用、传统村落基础设施完善与使用功能拓展、传统民居结构安全性能提升、保护与利用等关键技术研究，在福州地区传统村落进行关键技术集成与示范，建立传统村落保护与改善的成套技术应用体系和技术支撑基础，为大规模开展传统村落保护和传承工作提供一个可参照、可实施的工作样板，探索福州不同地域和经济发展条件下传统村落保护和利用的开放式和可持续的应用推广机制，提升福州传统村落保护、发展水平。

近年来随着经济的快速发展和城镇化的持续推进，传统村落重则被城镇快速拓展所吞噬，轻则面临如传统建筑的毁坏、传统空间和特色风貌的灭失、生活环境品质的下降所导致的可持续发展能力的缺失等问题。

福州地区乡村有很多传统村落，蕴含着具有地域特色的文化和遗产，但是，由于保护意识不强，许多本土民间艺术已经逐渐遗失，在乡村建设中，需要对传统村落历史文化进行进一步的挖潜，以期使乡村彰显出地方的独特性，塑造有特点的人居环境。

4.1 传统村落的历史文化特征

4.1.1 历史文脉的传承性

传统村落的历史文化一方面包含了中华民族优秀传统文化，各地域还拥有各自独特的本土文化。历史文化经过上千年的传承至今，成了我们重要的物质文化财富。所以要保护传统村落，同时也要注重保护其拥有的、传承至今的历史文化，我们需要伴随着历史前行，不能做历史的破坏者。

4.1.2 存续方式的动态性

传统村落与普通的馆藏文物不同的是，由于传统村落是一个小型当地社会的缩影，并非是静止的状态，它伴随着当地居民的生活不断丰富其自身的文化价值内涵，推动着村落的整体进步。它的传承具有不同时代和不同历史时期的特征，不会定格在某一瞬间，所以我们在传统村落保护工作中必须注重其动态性。

4.1.3 遗产资源的不可再生性

传统村落经过岁月的洗礼，诸多当地物质文化财富是在历史时期的社会背景下产生的，无论在建筑、街道、空间布局以及基础设施等方面，均有着鲜明的岁月痕迹，反映了当时的文化、生活水平等，一旦遭到破坏，将是一个不可逆的过程，无法失而复得。

我国在传统村落的保护工作方面刚刚起步，而且随着城市化进程的快速发展，需要进一步明确传统村落的内涵及其文化特征，遵循传统村落的发展规律，保证自然人文物质财富与当地经济社会协同发展，实现共赢。

4.2 福州传统村落文化保护与传承的困境

一方面，自然资源保护开发力度不足。城镇建设的持续推进改变着传统村落的空间结构布局，村落耕地和农田遭挤占，一些污染的工业转移到村落，造成村落自然生态环境逐渐恶化。传统村落大多隐没于山区，村落人口外出务工，农村劳动力减少，使农田、茶山等荒废较为严重。由于经济发展不足及生存压力等，山区的森林、植被等破坏现象频发。许多乡村环境整治前，"脏、乱、差"等环境卫生问题比较突出，人们的日常生活污水横流、垃圾遍地现象较为突出。另一方面，文化景观破坏较为严重。在城镇化和新农村建设中，传统村落中古民居、古祠堂的修旧和改造加剧建筑实体损毁，部分历史建筑、文物古迹等遭刻画、涂污，部分古建筑被推倒。在经济利益的驱动下，部分村民将具有历史文化价值、文物价值的雕刻、典藏贩卖，造成传统村落文化断裂和载体缺失。另外，一些不可抗拒因素的发生对一些木质结构的古建筑和古民居的毁坏造成致命性的打击。古民居建筑都蕴含文化的信息，由于年代久远，保护力度弱，很多民居建筑损毁甚至濒临倒塌，破败不堪。再次，快速的非物质文化遗产流失。由于调查统计和保护工作相对滞后，传统的民间技艺、手工艺、民族风俗等由于老艺人离世、年轻人转业等原因面临传承的严峻挑战。在一些传统村落中地方政府对传统村落文化的重视不够，非物质文化遗存得不到及时的扶持，市场化的背景下非物质文化的市场面临消亡。另外，乡村的风气渐变，传统优良的价值取向出现偏离。最后，随着我国市场经济的发展，城乡地区化规模和发展速度在不断提升，大量农村剩余劳动力从土地中剥离出来转移到城乡地区，农村中从事农业劳动的人数减少，农村中剩余人口以老人和儿童为主，老龄化、"空巢化"现象明显，村落中房屋居住率较低，呈现空心村现象。人口的流动和骤减使村落文化保护和传承失去了活力和生机，导致本土村落文化的稀释直至消失。

4.3 福州传统村落保护困境的分析

冯骥才在《传统村落的困境与出路》一文中提到，传统村落的消失是物质化的内容遭到泯灭，致使非物质文化遗产遭受不可复制性的毁灭。首先，城镇化进程速度不断加快。从地域面积上看，城镇化的推进导致传统村落的生存空间遭受挤压，传统村落空间地域缩小，生存受到挑战。在政策决策方面，文化主体意识的缺失导致盲目追求城镇化带来的社会经济效益，而忽视传统村落本身的社会及文化价值。其次，老龄化现象严重，中青年人口外迁或区域内村落不断地迁移整合，留守老人和儿童是村落中居住人口的主力，由于缺乏对文化认知和价值认同，因而其对文化传承的意识极为薄弱，由此"主体性缺失"是传统村落保护面临的主要问题。另外，传统村落中的民俗文化、民间技艺等文化缺乏保存、传承的形式，文化内涵也渐进稀释、流失。再次，多元文化的渗透较强。由于代代相传、言传身教的传承纽带具有脆弱性，且容易与外来的思想文化产生碰撞，商业文明和多元价值观的冲击使古朴的民风民俗变味，取而代之的是浓厚的商业化气息。最后，文化保护体制机制尚未健全。近些年，专门针对传统村落保护的法律文件出台甚少，即使地方出台法规但其成效有限。传统村落物质遗产的保护和修缮需要投入大量的物力、人力和财力等资源，由于地方政府自身对本地文化重视程度不够且地方财政困难，致使其长期处于缺乏监管与维修的境地。总之，传统村落文化保护与传承面临诸多挑战，出现问题的原因众多，究其根本是作为文化传承和执行者本身的乡人——文化主体，角色定位的缺失，人们更加偏向于物质化的内容，对精神性的内涵缺乏主动地接收和内化。对于传统村落的原住民和社会大众来说，只有作为文化主体对本地文化具有深刻认知和文化认同、归属，才会有文化自觉和文化自省，只有从本质上意识到本土文化的重要性才会引起文化上的共鸣，才会有传承和弘扬文化的自信。

4.4 保护与传承传统村落文化的建议

传统村落文化的保护与传承，需要政府和社会的深度参与和有针对性的研究，从人文底蕴、文化认同、规划开发等方面开展工作，主要有以下几个方面建议：

（1）传统村落的保护和发展，不可能套用一种统一的模式，保护要一对一，发展也要一对一，因为每个村落不光形态不一样，最重要的是生产方式不一样、现况不一样。

（2）对传统村落的保护不能仅仅停留在现有的物质文化遗产上，应该深入挖掘每个古村落的历史，包括历史事件、历史人物、民间传说、民间风俗、民间节日以及文化艺术等非物质文化遗产，根据每个村落所根植的文化传统，确立各个村落的风格、个性和形象基调，为村落的保护和发展定位。

（3）传统村落的发展仅靠先觉的知识分子奔走呼吁是不够的。首先，它需要国家给予重视，应尽快由国家制定和出台传统村落的界定标准，含建筑年代下限标准、民族文化形态标准、社会形态标准等。保护必然需要一定的财政投入，从国家、省、市、县、乡（镇）到村，要层层落实，要做好监督工作，把钱真正用到传统村落的保护和发展上。其次，各级政府领导应该有所作为，真正了解传统村落保护的紧迫性和重要性，禁止对传统村落随意改造、随意拆迁，应该统一规划，妥善处理好保护与发展之间的关系。最后，要调动全体村民共同保护，村民是村落的主人，也应该成为保护工作的主要参与者。

（4）旅游开发是传统村落发展的重要途径，但不是唯一途径。旅游开发是一把双刃剑，它既可以促进传统村落的保护和发展，但如果开发过度，又会破坏传统村落的文化原真性。因此，对传统村落要适度、合理开发，保护优先。

（5）强化乡人情怀，鼓励回归乡土。以家国共同意识、仁爱为精神内涵的家国情怀是民族文化和民族精神的提炼。对乡土文化的认同和文化传承的自觉，只有上升到文化自信，才会有家国情怀，而乡人的家国情怀体现的是一种文化认同和归属感。家国情怀作为吸引乡贤回归的情感和纽带，是精神文明建设的重要文化内涵。强化乡人的家国情怀是构建文明社会的需要，也是促进民族团结和凝聚民心的保证。在社会转型时期，随着城镇化进程的推进，家国情怀逐渐淡化，其文化价值内涵面临着巨大挑战。乡贤的家国情怀是传统村落文化保护的重要力量，因此需要鼓励、引导乡贤回归乡土，强化其家国情怀。

（6）重视农耕文明，厚植村落底蕴。"耕读"是农耕文化的具体表现形式，也是从古至今中国社会的生存发展状态，与乡规民约共同构成村落乡土文化的具体内容。乡规民约

是人们在社会生产生活中约定俗成的、具有共同价值取向的社会规则规范，约束人们的行为，其在乡村治理和村落建设方面发挥着不可忽视的作用。在经济社会发展的大背景下，各种思想文化碰撞，传统农耕文明的延续需要我们重新审视和定位，文化的保护和传承也恰恰需要重视农耕文化。文明的继承需要不断挖掘文化的内在价值，创新其表现和表达方式。首先，可以通过构建农耕文化展览馆，收藏民间具有价值的民俗器物，如传统农耕生产农具和生活用具，并配以文字说明和图片信息加以展示。其次，创建农耕民俗风情园或农耕文化体验园等，面向社会大众展示、宣传关于农耕文化的内容，让他们有更多的机会了解乡村文化。最后，善于利用乡规民约的正面作用。乡规民约是实施自我教育、自我管理的一种有效形式，其在乡土社会具有较强的生命力。因此，发挥乡规民约的正面效用，从而厚植村落文化，促进乡村内部和谐。

（7）增强文化认同，留住乡村记忆。文化资源是人们生产和生活中所接触到的物质的和精神的内容，凝结着人们对乡村最原始的记忆，乡民对本土文化资源的自知和认同是文化自信的起点和来源。传统村落中的文化资源包括历史文化遗存、自然生态景观、人文历史建筑及传统工艺、技艺、民俗等。因此，增强对文化资源的认同，留住美丽乡村记忆是增强文化自信的需要，也是保护和传承传统村落文化的重要内容。

（8）提高传承意识，强化农民主体。乡人即原住民，是传统村落存在的主体力量，文化的保护和传承需要文化主体作为内在的动力。由于在城乡二元社会结构下，城乡文化发展不平衡及农村基础文化设施建设薄弱，农民对保护文化和传承文化主体意识不强。因此，提高传统村落经济发展水平，不断完善社会保障机制，加强公共文化服务体系建设，不仅要在物质上利民，更要在精神上富民，强化农民作为文化传承的主体地位。

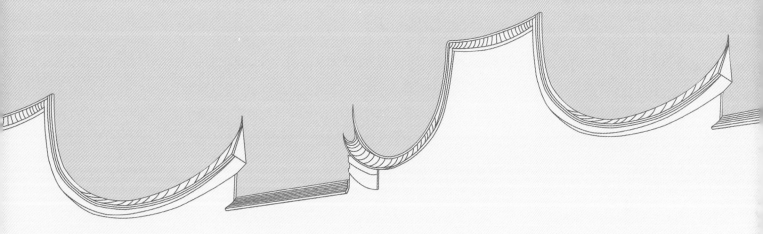

第5章

福州传统民居基本格局特征与建造工艺

05

5.1 福州传统村落院落格局发展与演化

传统村落自发发展过程中，有民居院落风水文化的传承和发展的积极部分，也有见缝插针式蔓延以及对传统民居和传统公共场所的弃置现象一类的自发生长导致的盲目性。在传统村落的演变中，期待在导致积极或消极演变的动因以及在建设过程中的发展导向，既能满足村民的生活需求，又能引领传统村落朝着健康的方向发展。

传统村落承载着重要悠久的历史文明，传承着优秀的传统文化，这些村落形成了福州的文化精髓和历史文化遗产。为了更进一步地传承传统村落文化，保护传统村落，在新一轮的新型城镇化的建设中，福州加大对传统村落的关注和保护力度，将传统村落的发展与美丽乡村、宜居乡村和历史文化名村建设相结合。

传统村落中不乏有许多的历史文化名村，福州在新型城镇化建设中进行历史文化名镇名村保护及传统村落的保护工作，进而更有效地保护传统村落。针对传统村落的保护工作出台了技术及资金等方面的支持政策。

历史文化名村是历史文化遗产和优秀传统文化的重要组成部分，同时是传统村落的一部分。在新型城镇化建设中同美丽乡村建设结合，对村落的环境进行适时适宜的自然景观改造，提供更为优越的环境和空间传承文化，保护传统村落。保护建设中，有效地展开调查和评审认定传统村落等工作，通过资金、人才及相应政策制度的支持为传统村落的保护和发展提供了有力保障，保障了传统村落文化传承的物质载体和空间场所。

5.2 福州传统村落民居建筑特征

5.2.1 正开变化的平面布局

从平面布局上看，正座是传统平面布局的中轴对称形式，与跨院平面布局的灵活变化形式形成强烈的对比，多进院落沿纵深轴线串联布置形式，是我国南方典型的传统民居布局形式。正座北侧中轴上坐落着主入口大门，正座面阔三间，依次为以下空间序列：入口、六扇门、门头房、屏门、前厅井、四周敞廊、正厅（三间、分前后厅以屏风分隔）、两侧厢房（首进）、中厅井、侧为厨房、四周敞廊、后厅、两侧厢房（二进）、后天井、设二层阁楼。东侧跨院南北为三部分构成，其布局为：中部大花园（庭院）、侧为书房（花厅），北部前院为门头房、天井小院，南部为对称布局的后院，附带前后天井。严谨对称的居住建筑与变化的庭院式跨院"花厅"建筑形成了鲜明的对比。

5.2.2 厅井合一的内部空间格局

在《福建民居的传统特色与地方风格》一文中，黄汉民先生谈到了"在福建传统民居的内部空间中，最丰富和最精彩的部分，就是内向的'厅井'空间。"纵向延伸的大厅与纵向收缩的天井连成一个整体的"厅井"空间。

大厅的主要功能为供奉祖宗神位，祭祀先祖以及重大庆典活动的神圣场所，住宅中每个房间的重要性都以相对大厅的位置确定，房间与大厅离得越近则辈分越高。因此，福州民居中的厅堂体现了中国传统的封建伦理制度。民居的内院，以小尺度、纵向收缩的狭窄天井为主。这种既露天又与室内空间有着不可分割联系的天井空间为人们提供了在此娱乐、宴饮、休息等邻里交往活动的绝好场所（图5-2-1）。

5.2.3 虚实结合的空间组织

根据平面构成分析，该典型民居的空间类型可以概括为三类：室外空间（天井空间），敞厅、廊空间（学术界称之为"灰空间"）和室内空间。空间组织以对称布局的正座主宅为例，从室外空间（"巷道空间"）进入狭窄的门头房室内空间，过渡到由四周以开放式敞廊围合成的天井空间，再经过半开放式的前厅过渡空间，可进入两侧厢房的室内空间，继续前行经过屏风门的转折进

图5-2-1 **福州传统村落院落格局平面布置图**（图片来源：福州市规划设计研究院设计资料）

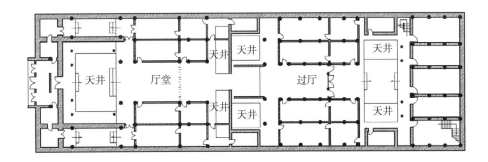

入到以同样的空间处理手法的后厅、中天井、敞廊空间，至此完成了第一进的空间组织序列，以此类推，"进"空间序列得以展开和发展。在空间处理手法上，收放、明暗、扬抑、转折、变化、虚实等手法通过这三种空间的转换、承接，演绎出南方地区独特的民居建筑空间性格。

5.2.4 奇数开间民居的代表建筑特征

5.2.4.1 三开间民居的代表建筑特征

1. 代表建筑：福州尤氏故居

尤氏民居位于文儒坊东段南侧17号。建筑面积2633平方米，坐南朝北，四面围墙。大门原是木构六扇门，民国初期被改为砖门。入门三面环廊，廊下天井。一进厅堂面阔三间，进深七柱，穿斗式木构架，双坡顶。两侧厢房的门扇、壁扇、窗门、花格全部用楠木精制雕刻，斗栱、挂落也甚精美（图5-2-2）。

2. 代表建筑：林聪彝故居

林聪彝故居坐北朝南，四面封火墙。入石框门便是第一进，门前有天井，三面环廊，南面照壁上有精美的灰塑独角兽"獬"，制作精良，是明代大理寺公堂的标志。

门头房在正座东侧，临街十扇大门。大门进去便是轿房，木构架斗栱、雀替、悬钟等雕刻精细。厅堂面阔三间，进深七柱，皆为三间排，进深七柱。各进之间都隔以高墙，过道用覆龟亭以遮雨，每进都有小门通向东侧花厅，第二进为假山、鱼池、大榕树、花坛、亭台楼阁等，第三进也为住房，第四进倒朝三间排。花厅第一进为住房，木构，梁柱较大，做工细腻，屋前有悬钟，内有雕花，颇为雅致，其中穿插一个佛手型柱头，令人稀奇。整体建筑高大气派，具有很高的艺术价值（图5-2-3）。

5.2.4.2 五开间民居的代表建筑特征

代表建筑：刘齐衔故居（明三暗五）

刘齐衔故居位于宫巷14号，建于清代，占地面积3371平方米，坐北朝南，平面呈方形，四面封火墙，墙体堵石均为大石条垒砌，高约1.5米。正门口石框，高2.8米，宽1.7米，上施单坡顶门罩。门头房三间，有轿房和洗澡房。门内天井两侧走廊，第一进正厅面阔三间，进深七柱，穿斗式木构架，双坡顶，鞍式山墙。中为厅、两侧为厢房，插屏门隔为前后厅。斗栱、梁等雕刻精美，门扇、槛窗皆用楠木制成。大厅及天井均石板铺地，大厅廊石硕大。

后天井与第二进天井相连。第二进厅堂面阔三间，进深七柱，后门可通往安民巷。东侧有矮楼，西侧有门可通花厅，花厅内有假山、鱼池和三椽小屋，池内有泉（图5-2-4、图5-2-5）。

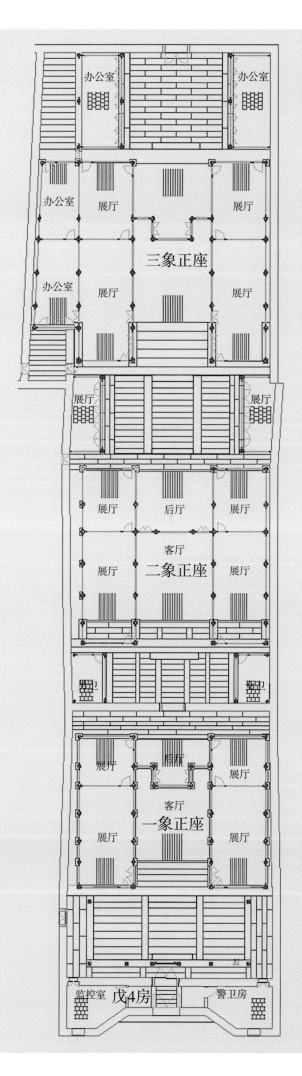

北

图5-2-2 尤氏故居平面布置图
（图片来源：福州市规划设计研究院资料）

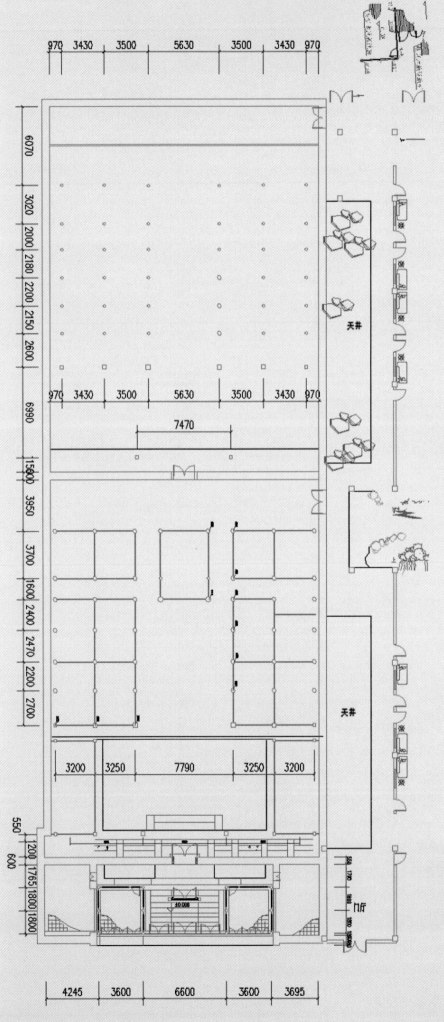

图5-2-3 林聪彝故居节点图
（图片来源：福州市规划设计研究院资料）

图5-2-4 刘齐衔故居平面布置图
（图片来源：福州市规划设计研究院资料）

图5-2-5 刘齐衔故居节点图
（图片来源：福州市规划设计研究院资料）

5.3 福州传统民居建造工艺

5.3.1 传统民居建筑建造工程特征

5.3.1.1 传统建筑材料特征

地方性材料在所处地域的建筑建造中广泛采用、经济实用，造就了地域建筑独特的质感与色彩。福州地区盛产木石，民居造屋的建筑材料多为北部的林木、东南沿海的花岗石，在当时适当的技术加工下，就地挖出的泥土夯筑成高高的马鞍墙，掘地三尺后的空穴被改造成了花厅中的鱼池，厢房木地板下的防潮深沟，为了取得建筑内部空间通透宽敞的效果，房屋的结构多以穿斗式或抬梁式木构梁架为主要形式。在福州传统合院式民居中常用的建筑材料有木材、石材、砖瓦以及灰浆。

1. 木材

在福州传统合院中，杉木是比较常用的木材之一，它主要产于福建的闽江及其上游的建溪、富屯溪和尤溪等。杉原条的主要用途为：中、大径杉材用于建筑结构中的承重木构件，如柱、梁穿枋等大型木构材料，小径杉原条用于加工檩条，在木结构屋顶中起支撑椽材的作用。

2. 石材

福州合院式民居中所采用的石材，大多采自于福州近郊及附近的县治，主要分为青石和白石两种。青石耐久性强，不易风化，是一种较好的建材石料。多用它制作石门框、柱础、栏板、望柱等，以及用以雕制石碑、石兽等。白梨石盛产于福州本地，为大理石之一种，质地较青石脆，易于加工，多用于制作天井石、廊石、桥石、砌筑台基、驳岸，或铺装路面、垒砌墙垣等，还用以雕刻较为粗糙的石构件，是福州传统合院式民居中使用最多的一种石料。

3. 砖瓦

福州传统合院式民居建筑砌体中使用的大多是烧制青砖。古时制造砖瓦的原料相同，多来自晋江磁灶、连江山堂等地，这些地方地下蓄存着大量能造砖瓦的黏土。

4. 夯土

在"福州村落"传统建筑中，有80%以上的墙体为夯土墙，少部分为砖砌墙体，其墙体形为马鞍形，所以又称"马鞍墙"，形成了一道亮丽的风景线，呈现"福州村落"建筑的一大特色。夯土墙在北方叫"版筑墙"，因用夹板夯筑成比较宽厚高大墙体。而福州地区的夯土墙建筑历史悠久，从唐、宋、元、明、清到民国时期的传统建筑，都可见到夯土墙，福州五区八县，在新中国成立初期，还沿用夯土墙建筑，其工艺代代相传，极具魅力。夯土墙因墙体较大，一般厚度有60~70厘米、高度达到500~600厘米夯土墙的建筑材料，可就地取材，节省建筑成本，而且牢固，寿命长，还有防火、防风、防水、防震、防盗、防噪声、冬暖夏凉等优点，所以在传统建筑中夯土墙建筑普遍得到应用和传承，成为福州地区民间传统建筑艺术的代表。夯土墙是福州地区马鞍墙体重要形成部分，还包括墙帽砌筑、马头灰塑彩绘、墙体彩绘、墙顶瓦花等装饰，都具有厚重的文化内涵，体现传统建筑艺术的精华和福州地区古建筑风格，所以夯土墙又被称为"封火山墙"。

5. 灰浆

中国古代建筑中，各种灰浆主要有两个作用，即砖石等砌体构件之间的黏结连缀、形成整体；墙面抹灰粉刷。古代常用由一般石灰石煅烧而得的胶结材料——石灰。海洋是福建沿海居民重要的物资来源，福州的工匠们也充分利用这一有利的地域条件，大量使用蛎壳灰代替石灰。在福州传统合院式民居中常以石灰或蛎壳灰为原料，按照不同配方制成五种灰浆。

5.3.1.2 石基础工程

在传统建筑常见的基础中，石料种类分为花岗石、福寿氏石、红梨花岗石、青石（即黑石）等，以上几种石料原产地可能在福州地区范围内，石料优点是坚硬质地，细腻质感，不易风化、水浸，以及抗压耐腐蚀，不易磨损、变质等，所以从古到今人们用石料制作基础。

因福州地处闽江下游经常有洪水灾害，每家每户基本都用石作为基础，但基础做法中分为大、小、高、低几种等级，首先富豪、官家、名人等故居因墙体较高较大，所以基础石材料都选择长度较长、较大、较厚的规格整齐的大块石。用作打石的工具包括如哈子、楔子、錾子、刹子、扁子等，其具有各自的功能作用。制成各类条石，有长方形条石、块石等形状各异，大小不一的适合民居所需尺寸石料。

大型条石砌法：

预先砌好底层为头石，水平后砌大型条石，因其长、厚且高，一般只砌1~2层。首先应处理好坐地，垂直后座地下用砂灰浆灌饱。古时常见的基础形式：前后对砌水平，中间空洞，左右用方块石堵住，稳定拉力前后石基础，后用基础宽条石压面，起到上下拉力作用。

第二种是比较薄小的长形石条水平叠砌、侧砌，前后一样长，头尾拉丁恰好如同四指的形状，中间有空洞要填灰泥，砌法要稳定，不可重缝。

第三种是短方块石砌法，采用45°斜砌，第二块则采用反方向45°斜躺砌成的石墙砌法，以此类推形成人字形墙面。

第四种是长四方角石砌法，一横一丁上下对缝，丁头要按照墙基宽度确定。砌横块石时要内外同长度，为拉丁做好基础。

第五种是乱毛石砌法，以不规则石块所砌筑的墙，每块石底座按照其形状与角度嵌入，左右塞紧，可以达到牢固效果。

以上几种砌法有浆砌、干砌。浆砌的优点是基础稳定、石垫层不易滑动、防水渗透，起拉力连接等作用。干砌的优点是基础稳定、外观统一、通风，在室内起防湿作用。

以上五种砌法一定要注意：砌法不可重缝，前后砌体要拉丁，里外不能分开，要注意整体稳定。石块在座地处不要打太斜，要尽量靠紧地面，尽量少垫小石片。对缝处的上下石形最好一致，能防止上部墙体受压时小石粉碎、滑位后使基础变形或向里、外倾斜。

传统基础勾缝材料是由壳灰和砂混合搅拌而成，配比为灰量三份砂一份。传统勾缝工具有用排笔下削薄制成，规格按照缝的大小而定，长7~8毫米。勾缝深处也可以勾到。后用软布把它与石块连成一体，色调与石料颜色一样，后再进行画线。勾缝底要采取浇湿砂浆饱满等技术措施（图5-3-1）。

5.3.1.3 墙体工程

在传统建筑中，用木结构作为承重部分的构架，一般木结构与墙体是分离的，没有连接在一起，俗称"墙倒屋不倒"。传统民居墙体结构常见有夯土墙

2 实砌砖体

3 墙体粉刷

平整

1 方块石基础

起山

坐地

图5-3-1 石基础工程结构图
（图片来源：福州市规划设计研究院资料）

和砖墙、板墙、雨淋板墙等。

筑墙先砌好左右砖独立，按照墙宽度2~2.5尺左右高度到墙尾为止，中间筑土，筑墙材料用碎瓦片、黏土，最好放入灰、灰渣等材料。

具体做法：墙两旁先安放4~6根杉木柱，左右安装两块筑墙杉木板，板厚2.5寸，长度按照砖挡的间距而定。用绳子把柱板上下夹紧后，浇倒上已混合好的灰土。每层厚3寸左右，先拉平筑梅花形后筑实，再加一层，连续浇筑夯实直到最高点。

筑墙工具包括筑杆、木棍、下包铁围帽，还有锄头、箠子、土箕等。筑墙完毕后，用砖补好墙体再出弓，各种艺术造型的封火山墙，墙顶中砌人字形底座后，造型先出砖弓：一般3层左右每层出1.5~2寸砌好后铺青瓦脊面。青瓦铺法：中到中交叉，瓦和瓦之间层距一般按瓦中为准分工，字形、层数三到四层数为一半。层数按墙面宽度来定，中间盖2~3层平瓦每层压中心线为准，脊中间最好安放一到二条铁片或钢筋起整体拉力作用，顶峰脊盖瓦筒最佳，也有采取盖砖、瓦，然后粉刷。

砖砌工程：福州地方的传统建筑常用白砖，形为两面凹形，缝小稳定。

墙分为空心砖墙和实心砖墙两种，空心砖墙砌法侧砌一横一直里外交叉形成一体，能起隔音、防湿、减轻重量、防火等作用，实心砖墙三层一丁五层一丁砌或侧砖一层，砂浆饱满，对缝接实前后互相对拉连成一体。砖墙面一般分为两种，有清水墙、粉刷墙，粉刷工具有托泥板和抹刀。打底用灰黄土、稻蒿砌成1寸长的麻筋，调匀后放置发酵几天后使用。墙面有白灰粉刷、黑灰粉刷，黑灰原料是用白灰加上黑烟、醋后发酵再加入白灰原料麻筋和壳灰用锤筑成，在古代作为粉刷、砌砖等主要原料。封火山墙砌好后用清水砌，有的粉刷也以黑白灰为原料。

5.3.1.4 屋面工程

屋顶木部结构，首先准备好檩木、椽板、望板、封檐板等材料，架檩木时，先按墙总长一半或按瓦屋面总长一半，古屋面常见几种斜度，有的加三斜，有的加三五斜，有的加四斜不等。在这里拿一种说明一下，从檐口头一棵桁为水平线至脊檩中，弹一条水平墨线，比如说总长5米，按加四斜，1米就按40厘米计算，5米成为2米，那中桁就按水平量上2米安好，这就叫作加四斜。后拉一条斜线架桁木，斜度中距最好不超80厘米，木径为15~16厘米（长间距木径要加大）。后钉椽板，屋面常见有两种，一种是钉稀椽，稀椽板为宽11厘米左右，厚为2.5~3厘米，下面刨光后按瓦距画线，按线中钉好，按11厘米计算中距18厘米以内，这是稀椽。密椽有的板会薄一点，2.5厘米，但有刨上下槽钉法，具有瓦灰等灰尘不能掉落等效果。

先分中线，古人做法先按照中水扛椽铺起，底瓦垄先铺中心线左右，后大小瓦槽间距总长分出，底瓦中距为28~30厘米，算到底瓦垄铺到墙边。顶端面底瓦常见都盖重两片，防脊受压时断裂，如面瓦破一块，下一块也可以流水，古铺要按上尺头，上七寸铺法，铺底瓦垄后用直半边瓦铺设在两片底瓦垄，蚰蜒当位置最好靠紧，不要把椽板露出，后用麻筋灰浆砌，把砌好的横半边瓦左右对接，底垫碎瓦，上用白灰铺在走水当中，铺底瓦垄时搭接不得少于一搭三铺法，最后用瓦垫高垫稳，以后铺瓦时容易接进去。铺脊旁底面瓦时寸度上尺头上七寸，最好不要出现空洞，免得被雨水入侵，在脊两旁底瓦垄和盖瓦垄不要铺太长，一般在40厘米左右，免得给粉脊带来困难，盖瓦最顶也要重一块按瓦总长三分之二的半片瓦，在盖瓦间距中间，要铺两片横半片瓦，左右要靠紧盖瓦两旁，上面两块接头对合，铺好，凹地用白灰浆和碎瓦片铺平，后用M5混合沙拌白灰二比一浆砌，先铺两端老头瓦，拉线砌2~3层，砖砌脊堵，砖胎130砖M5混合砂浆砌脊堵高25厘米，后用240砖出弓，然后盖瓦筒，瓦筒有勾缝有粉刷。后用混合砂浆（灰、黄土水、沙2~3）粉底地，砌砖脊堵要距离封火山墙内面3.5~4尺左右，后弯形伸长，缩小，缩小分为三层，第一层用砖慢慢伸长，第二层用铁片预埋件长1.6米左右，宽度7分至1寸，搞弯形后插入瓦筒中，后用片从大到两边打洞，用铁丝捆在铁片上，后用麻筋灰粉好面里底白，后把脊用乌烟灰粉刷。

脊先做好后，后才开始铺屋面瓦，铺瓦先从左边封火山墙，墙边底瓦垄领头瓦铺起，古人说尺寸，下七寸下尺头铺法，未铺前最好做一个三寸长模型，模长六寸，三寸中距一层，铺几块后整按一下，使寸度一样，以后给盖瓦垄打下有利条件。封火山墙旁边铺底瓦垄时一定靠紧，后用窄木板，底下用小瓦片垫左、右、中，把挂背下方靠板中，上面一头用麻筋灰浆砌，安贴在墙上，后勾完缝后，慢慢地把垫小瓦片拿开，木板掉，瓦不会掉，这种做法叫挂背，使雨水不会进室内和墙上。后再铺一条底瓦垄后，蚰蜒当中铺盖瓦垄，后用直木板压直，后用1~1.5灰沙勾槽，扎口，工具是小灰匙，按这做法铺好后从右边墙边从上到下退下去，有的瓦屋用砖压在盖瓦垄上，形为五梅花等排法（图5-3-2）。

5.3.1.5 地面工程

常见传统地面有石地面、三合土地面、斗底砖地面或砖铺地面。用石制成后用途较广（踏步石、廊石、门框、柱珠等），凡是居住地面一定要比外地面高，因福州地区当时经常有洪水入侵和雨水等自然灾害，屋内有层次抬高到任何内界水不可能入室以保持房屋干燥，通过踏步进入室内，故居常见使用花岗岩为材料，经加工后形成同样尺寸的踏步石，宽度和长度依门座和房屋而定，并且一步到位。婚丧喜庆用踏步较宽而长，厚度0.5尺，宽度1.6尺左右，长6~7尺，天井更长，每一座故居踏步各座尺寸不同。踏步砌法：先砌两旁，衬垫中间空心不是问题，衬垫石厚度不能超过踏步厚度，砌二时离缝，砌踏步和衬垫接触地方要坐地，尽量少用灰浆，长期摩擦不能与石并存。砌时踏步坪后面要比前面稍高一点，避免后面积水，砌底层衬垫石长度按层数和面宽来决定，不可超长，也有踏步两旁，砌象眼，上面压垂带等。

1. 三合土地面

三合土主要取材于壳灰、壳灰渣、黄土，其成分通常有生壳灰、糯米糊及乌糖汁，比

图5-3-2　屋面工程节点
（图片来源：陈硕 自摄）

例是2∶3，灰2份，其他占3份，拌三合土时先把黄土倒进水里浸后搅拌，把黄土水提取，底有沉下不用，后把黄土膏掺入壳灰、壳灰渣中，人工用锄头担搁直到用手抱会成结为止，后平夯地面，实余8~9厘米高度，拼接三合土地面用，后把抄好的三合土铺在地面，要看地面厚度分两到三次，然后把小硬木树下座用铁帽包住用人力五梅花式搞筑，筑实后第二次上土直到水平。

讲究的做法最好用煮好的糯米汁掺上水和白矾以后，泼洒在打好的灰土上，泼洒时应先泼一层清水，再泼糯米糊浆，最后泼少量清水，可使糯米浆下行，并使米浆和灰土之间起到润滑作用，最好能筑到出灰油为止。后用小木头做的小拍子拍平，拍出油。然后用抹刀抹光面或用光滑的大块河蛋石等光面工具擦光为止，这样具有过水耐磨损等功效。

2．斗底砖及黏土砖地面

斗底砖为黏土用柴火烧制而成，着米红色。铺室内斗底砖地面为防湿，铺前用瓦片、砖碎垫层后再用灰土垫层夯实，按设计标高调匀铺平，按水平线在四面墙弹击墨线，定要超高外里，砂浆是用白灰。后先量好砖和屋内尺寸，后进行铺砖。铺前把不平直的砖边，磨直成90度后给大面积的地面创造有利条件，铺地形态常见十字形、斜墁形等，用白灰铺砌，先铺左右，后拉十字线铺砌，如有不平的地方应用木制工具拍平，用橡皮锤最佳。

3．杉木板地面

杉木板在传统民居常铺在卧室与楼上房间内，或铺在厅堂中。杉木板制作方法：先把已晒干的杉木，用大形架锯砌片为3厘米厚板材。杉木板宽度、长度按木径来定，然后把木板左右两侧用墨斗线弹直，用斧头把墨斗线外多余地方劈去，再把板侧面用长刨刀刨直，刨直后用槽刨出浮凹槽，又叫雄雌缝。铺板时头一块板要和地栿合拢，后锯一段树木还用绳捆棍子扎紧后，用竹钉钉上。

竹铁制作优点，竹钉古人用毛竹及黄竹，用竹刀削成长6~8厘米一条（剑头形），后用火在锅里加入砂炒出油后可取出钉子。竹钉优点可以与木板寿命并存，能耐磨、不霉烂、牢固，铺好后如有点不平还可以重刨。铺地面板时一定要处理好地下通气洞，有地下用石独立，或条石砌墙，最好中间用三合土粉成半圆式通洞，通向墙体以起到通气的作用，使地桁和板不会霉烂。

5.3.2 传统民居木构架的建筑木作木构做法

福州传统民居木构架其做法既有南方穿斗式的共性，又与其他地区性做法有差异，属于我国南方穿斗式体系的一支。其木构架稳定支撑体系同样可分为纵向与横向两类。

5.3.2.1 纵向稳定支撑体系

福州地区传统民居木构架体系中，维持整体结构稳定的主要有檩条、穿枋、替木、桁引等，几乎所有这些木构件都与木柱子紧密地联系在一起（图5-3-3）。

1. 柱檩节点的做法

多为插栱替木式，即采用插栱纵向承托替木与檩木来支撑柱顶部。

2. 采用看架式屋内额

屋内额上方施加斗栱与枋子，如一檩条、一檩到一组一斗三升，一道弯枋及一道额枋所共同组成的看架式屋内额是常见的屋内额做法，这种看架式屋内额在福州地区传统民居大厅中至少有用一道屋内额，有的用二道屋内额，多的也有用三道看架式屋内额。与其他穿斗式体系所不同的是，福州地区看架的弯枋下一般用坐斗。

3. 纵向大额枋

福州地区传统民居一部分古建筑也采用纵向大额枋的做法，用了两根纵向大额枋和两根横向大杠梁，使大厅共减柱六根。

此式结构，大额枋成为纵向跨距最大的木构件，明间的横向木构架经短柱直接搁在纵向大额枋上，大额枋经由短柱形成的集中荷载传递至大额上，再由大额枋直接传至次间木柱上，这里短柱所形成的集中荷载使大额产生两组向上反力抵抗檩木的向下挠度，减轻了此处檩条的受力，因此其下方的减柱并未对整体结构的稳定产生太大的影响，这样经大额枋将梁架的荷载传递至次间的通柱，形成一个完整的纵向稳定支撑体系。

4. 下槛木的联系

纵向各柱网间的柱根部的下槛木的联系也会对纵向稳定支撑体系起一定的作用。

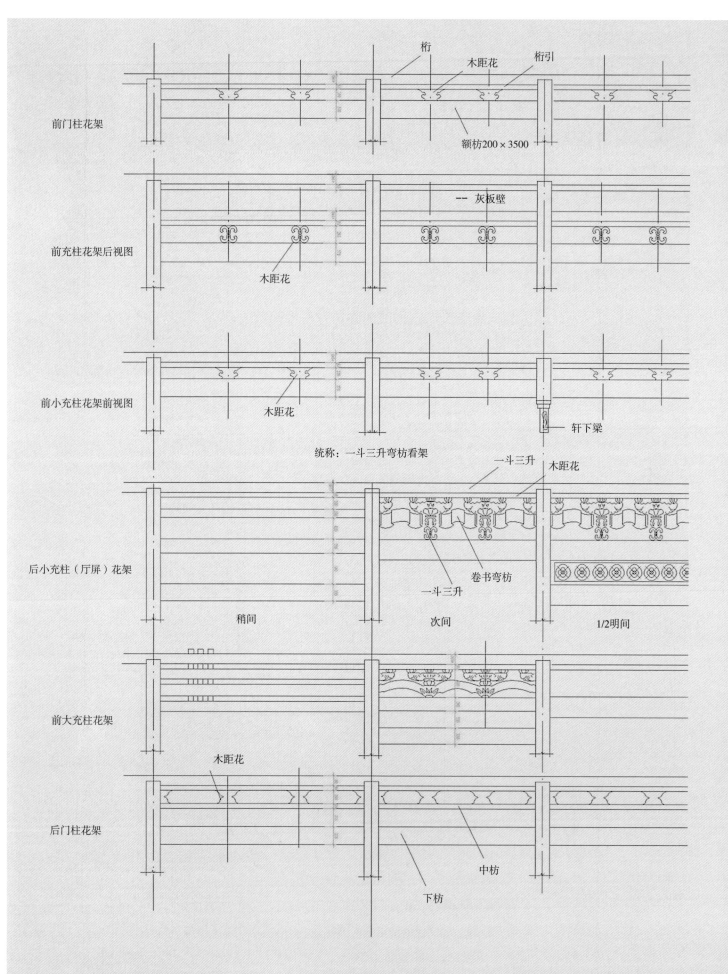

图5-3-3　屋架纵向体系布置图
（图片来源：福州市规划设计研
　究院资料）

5.3.2.2　横向稳定支撑体系

福州地区传统民居木构架体系中，梁枋形式为扁作直梁式，梁枋与短柱、通柱等构件经由各种节点共同组成木构架的横向稳定体系，是福州传统建筑的地域特色。

1. 横向扁作直梁穿斗式木构架

福州地区传统民居短柱多为方形，少作雕饰，较为简洁，装饰主要表现在短柱与直梁交接处添加两片精细雕饰，这些穿枋直接穿过通柱与短柱，形成一整片的横向木构架，其用材极为节省，可起到很好的横向稳定支撑作用，这就是穿斗式结构的基本特质。它所包括的木构件如图5-3-4、图5-3-5所示（穿斗式五柱屋架和七柱屋架）。

2. 横向扁作抬梁式木构架

在福州民居中横向杠梁的受力性质与北方抬梁式六架梁相似，并列五步架下方的短柱承抬纵向檩木与屋内额。采取横向抬梁式做法对杠梁的跨距要求较小，但同样达到减少内柱、扩大厅堂空间的效果，其结构稳定主要由横向梁架与立柱承担，对杠梁的用料选择及受力节点位置的要求较为单纯，所产生的空间变化不够灵活，且厅堂面积亦较小，空间开敞效果不巧妙。

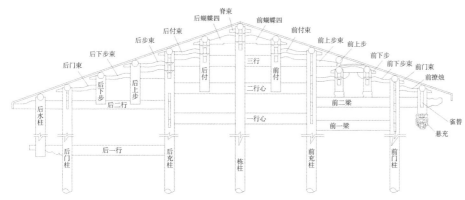

$\dfrac{4}{5}$

图5-3-4　穿斗式五柱出廊扇

（图片来源：福州市规划设计研究院资料）

图5-3-5　穿斗式五柱出廊扇七柱全缝重三行扇

（图片来源：福州市规划设计研究院测绘资料）

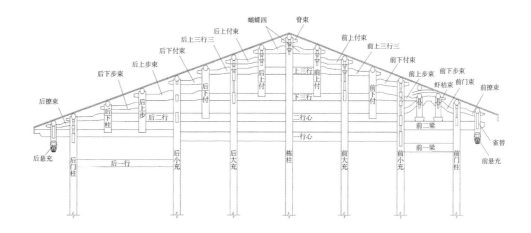

第 6 章

福州智慧乡村顶层设计与发展理念

06

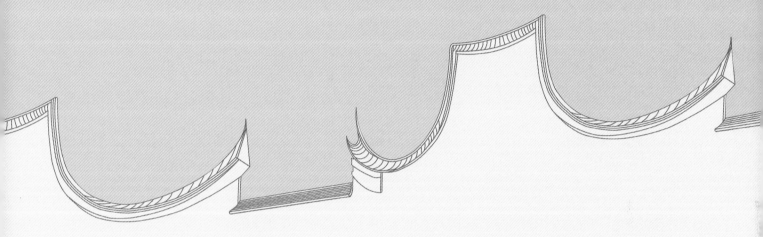

本章主要探讨福州智慧乡村的顶层设计与发展理念，通过对现状的分析，提出顶层设计的总体框架，并形成了运营模式与体制机制的相关建议。

6.1 智慧乡村发展需求分析

6.1.1 智慧乡村发展现状需求

6.1.1.1 信息资源

1. 基础信息资源建设

建成全区域统一的公共信息资源库。人口、空间地理信息、电子证照等公共基础数据平台初步建成，扩大共享应用范围并进一步规范管理。建立包含居民电子健康档案库、全员人口库、电子病历库、基础卫生数据库的人口健康数据中心，其全员人口库目前与公安、社保进行数据交换、比对、关联。

2. 信息资源共享

建成信息资源目录管理系统和信息资源交换共享平台，实现信息资源目录的统一管理、发布、查询、定位服务和信息资源的动态管理和交换共享。建成云计算平台项目，提供云资源服务和技术支撑，提升信息资源共享水平。

3. 信息开发利用

通过人口、自然资源和空间地理基础信息库等基础数据资源库和公共服务平台建设，初步实现各类信息资源的融合应用，管理和公共服务水平大幅提升。服务业统计系统，建立集"数据报送、数据采集、数据分析"为一体的在线服务业统计调查监测平台，全面分析服务业发展情况，为制定服务业政策提供重要依据。

6.1.1.2 网络安全

开展容灾备份公共平台建设。开展容灾平台与云平台的对接，实现业务系统数据的容灾备份。启动内外网网络运维管理系统项目建设，建设统一的网络安全管控体系。建设政务云计算平台安全服务，针对云平台提供常态化的第三方安全监控服务，提供安全信息的远程收集汇总功能。

6.1.1.3 机制保障

信息资源依法实行无偿普遍共享、分类共享、授权使用，各单位应无条件对其他单位提供共享信息，并确保数据真实和更新及时，为智慧乡村发展营造良好环境。

6.1.1.4 基础设施

构建了全区域统一的集约化电子公共平台。建成全区域统一的网络平台、云平台（含硬件和支撑软件），建设数据中心和灾备中心，搭建信息资源共享交换平台、内网安全支撑平台及网站生成平台、短信平台等应用支撑平台等，实现了全区域网络的互联互通，为持续提高服务质量、升级城乡地区运营管理水平奠定坚实基础，可依托全区域统一公共平台开展业务系统建设。

6.1.1.5 生态宜居

建成防汛抗旱能力。为抵御强降雨和山洪灾害，建设C/S版本防汛指挥决策支持系统，实现降雨、水情信息的实时监控、远程预警，有效提高灾害来临前信息和预警传递的速度，为科学防控山洪、主动避灾、确保群众生命财产安全和社会经济可持续发展提供保障。

6.1.2 智慧乡村主要问题分析

6.1.2.1 城乡地区治理与公共服务水平亟须提升

信息化技术支撑城乡地区治理与公共服务的水平仍需提升。城乡地区内涝频发，缺乏全过程量化监控预警与跨部门协同治理手段；教育发展不均衡，教育基础数据、优质教学资源、教育信息化公共服务体系建设有待完善。

6.1.2.2 城乡地区数据资源价值尚未充分释放

基础信息资源建设尚未实现全区域统筹建设，宏观经济库和建筑物数据库尚未建立，人口和地理信息等基础数据库有待进一步整合完善，数据更新不及时、不全面、准确度不高。受到条件分割、各自为政的束缚，部门间、行业间数据共享难度大、频次低，信息孤岛现象依然存在，数据开放的体制机制尚不完备，数据共享开放和基于数据的社会化应用程度低。对数据的分析挖掘不够深入，基于大数据的应用、管理和决策亟待加强，数据红利没有得到充分释放，数字化向智慧化跨越发展存在一定屏障。

6.1.2.3 新一代信息技术应用尚待深入普及

新一代信息技术如物联网、云计算和大数据等技术应用尚待深入和普及。信息化工作仍聚焦在通信网络建设、业务数据应用、辅助办公等较为初级层次上，在信息采集、信息处理、信息服务，信息共享交换等方面的智能化、自动化程度仍然较低。信息采集基础设施不足，目前只在部分行业和领域运用了物联网技术实现自动化采集，大部分数据仍需要手工采集和上报，数据的有效性、真实性难以保证。社会公众参与城乡地区治理的程度不高，需充分运用"互联网+"等手段营造社会共治的良好局面。

6.1.2.4 新型智慧乡村建设配套体制机制滞后

当前的行政体制和行政管理方式与新型智慧乡村建设快速推进的要求尚不匹配，信息化管理体制机制有待完善。信息化建设的技术支撑、标准规范及管理办法存在缺位现象，体制机制创新滞后制约信息化潜能的开发，制约新模式、新业态、新技术的培育和发展。总之，深化体制机制创新，推进组织保障、运营保障、资金管理、政策法规、标准规范、人才、安全及社会舆论等方面的机制创新，是推进新型智慧乡村示范区建设的内在要求。

6.2 福州地区智慧乡村顶层设计

6.2.1 智慧乡村建设主要目标

建成特色鲜明、辐射带动作用明显、综合竞争优势突出的国家新型智慧乡村示范区，实现民生服务全程全时，在线政府透明高效，城市治理精细精准，数字经济融合创新，网络空间安全清朗。经过持续深化，迭代演进，新型智慧乡村建设成果服务经济社会发展作用显著增强，城乡居民获得感显著提高。

6.2.2 智慧乡村建设主要任务

6.2.2.1 建立全程全时民生服务体系

围绕居民最关心、最直接、最现实的问题，综合利用移动互联网、云计算、大数据等技术，加快整合民生领域服务内容，提高教育、医疗、人社、养老等服务的智能化水平，拓展信息惠民的深度与广度，实现全程全时、无处不在的惠民服务，促进城乡公共服务均等化、普惠化，使全体人民有更多获得感。

1. 打造统一的公共服务体系

推进整合医疗、教育、社保、公共安全、水电气等民生领域的各项服务事项，打造掌上政务服务平台，建立便捷的政务服务渠道。向乡人提供主动式、全程全时、均等便捷的城乡地区公共信息服务。提升政府公共服务系统服务能力，继续推进全区域非紧急类热线整合，建立居民诉求统一受理、统一转办、统一审核、统一监督考核模式，实现全区域各部门联动办理，建立与城乡地区紧急类热线协同联动机制。

2. 提高健康服务和卫生管理水平

推进区域公共卫生信息平台建设，促进电子病历、医疗影像等信息在全区域医疗机构间共享，促进公共卫生业务系统之间的互联互通，提高医疗信息安全保护水平。建立全区域统一的居民健康服务门户，提供在线健康咨询、预约、诊疗、办理入院等全流程服务。

3. 构建社区综合信息服务体系

整合基层队伍和志愿者，完善网格化服务管理信息平台，将社会治理融入社区服务中，促进大众参与城乡地区治理。打造立体化治安防控体系，营造平安、和谐的乡村环境。推进互联网、物联网等技术在乡村服务领域的应用，提供多样化服务。

6.2.2.2 创新现代化地区治理方式

以构建现代化治理体系，提高乡村地区治理能力为出发点，推进体制机制改革，加快数据开放，以科技创新和体制机制变革双轮驱动推进"互联网+"条件下的扁平化管理，实现乡村应用大数据支撑宏观决策，多元主体参与社会治理。

1. 促进社会主体参与乡村地区治理

出台政府机构数据开放管理制度，试点公共数据开放利用，按照重要性和敏感程度分级分类，建立政府信息开放统一平台，通过政府开放数据，打造透明政府。推进政府公共信息资源开放共享，鼓励企业和个人基于开放数据为村民提供增值服务，促进治理多元化，形成全民参与的治理新模式。

2. 建设高效的城乡地区运营管理中心

在智慧乡村综合管理服务平台基础上，建立地区运营管理中心。推动乡村地区各类感知数据、行业数据、网络空间数据的全面整合、深度挖掘、综合应用，实现乡村地区运行综合态势展现、日常治理协同、危机事件联动处置、网络空间安全可控、政策制定科学高效，提升乡村地区日常治理、公共服务、应急处置和发展筹划的运营管理水平，实现乡村地区运行的可视化、可预测、可量化评估、可控及持续优化。

3. 提升城乡地区网格精细化管理能力

推进综治、计生、环保等部门网格整合，建立全区域统一的网格化服务管理信息平台，实现平台全区域覆盖、信息互联互通，并与上级网格化服务管理信息平台实现数据对接。制定人口、地址、建筑及其他网格采集数据标准规范，村网格员依托网格化服务管理信息平台统一采集服务管理涉及的人、事、地、物、情、组织等信息，实现以单一平台集中承载各部门多样化的网格管理数据。制定网格事件流转处理流程，实现统一网格信息采集、部门依职联动处理的管理模式。

4. 建立健全公共安全防控体系

健全公共安全人防、物防、技防网络，促进跨区域、跨部门的视频信息采集与监控共享，加快构建地面、地下、空中、海域、网络相结合的立体化社会治安防控体系。建设公共安全云平台，提升应急处置能力。加快建设全区域统一的安全生产监管与应急救援平台，促进监管信息互联互通与共用共享。

5. 提升美丽乡村智能化水平

全面提升农村基础网络设施水平，实现乡村网络全覆盖。推进科技下乡，多渠道为农户提供涉农经济服务。建立全区域农村贫困村、贫困户和贫困人口信息的数据库，实现扶贫到村到户到人的动态管理，提高精准扶贫工作的效率。加大平安乡村建设力度，完善城乡公共安全体系。

6.2.2.3 建设按需服务信息基础设施

加强统筹和协作，强化集约共享，建设高速、泛在、融合、便捷的下一代信息传输网络，建成技术先进、结构合理、协调发展、绿色、安全的云计算基础设施体系，提升乡村地区基础设施智能化水平，实现基础设施互通互联和信息资源高效整合共享，全面支撑城乡地区智慧化发展。

1. 建设物联网泛在感知体系

建设物联网通用接入平台，实现物联终端的统一识别和接入、物联信息的集成和分发。采用物联网通用接入平台，结合全球地理栅格剖分技术，建立全方位、多维度的物物互联的感知网络，推进全区域公共的智能视频监控网络、水务资源感知网络、生态环境监测网络、交通智能化感知网络以及地下管廊综合感知网络建设，实现感知信息精准标识、安全接入，形成一体化全方位的乡村地区资产感知体系。

2. 建设福州地区乡村大数据中心

大力推进信息资源的整合共享，建设完善全区域统一的信息资源云平台，推动电子系统集约化建设，提高资源利用率；加快建设人口、自然资源和空间地理基础信息库等基础数据资源库和公共服务平台，实现各类资源的融合；加快推进全区域信息资源整合，建设大数据应用环境，推动大数据中心的数据共享交换平台、大数据治理平台、大数据分析处理平台等建设，推动基于大数据重点应用的开发和推广。

3. 加强乡村功能整合

建设通用功能平台，对各类信息资源进行调度管理和服务化封装，打造开放的信息环境。建设综合性乡村地区管理数据库，为各类应用提供跨领域的基础数据服务和主题数据服务。打造通用应用支撑服务，实现信息基础设施、数据等资源监管和开放，促进跨区域跨部门应用集成。采用云计算、物联网、大数据等先进技术，通过搭建北斗地基增强网，构建以城乡地区时空信息为基础，面向泛在应用环境的全区域统一的时空信息公共服务平台，实现城乡地区各类时空信息二维和三维、地上和地下、静态和动态的一体化管理，关联人口、法人等公共基础信息，为智慧乡村提供技术支撑。

6.2.2.4 构建安全清朗网络空间

加强网络空间安全防护体系建设和机制创新，推动网络空间安全保障从被动防御向主动预防转变，从分散保障向动态、协同、体系化保障转变。全面提升智慧乡村基础设施、重要系统和数据资源安全保障能力，形成完善的网络空间和网络社会治理体系。

1. 建设网络空间安全防护体系

完善安全基础支撑能力，实现安全可靠的信任体系和数据保密体系。完善基础设施保护能力，确保水、电、油等城乡村地区运行生命线的关键基础设施安全。完善数据和服务安全防护能力，保护大数据资源中的敏感信息和隐私信息。完善认证、审计等应用中的安全防护手段。

2. 建立完善网络空间安全态势感知体系

提升网络空间综合治理能力，实现网络空间安全综合态势呈现、安全策略管控、网络监测预警、网络内容与行为治理、安全效能评估、应急协同调度，实现乡村地区安全防护体系的综合运维和协同调度。

3. 建立网络空间综合治理体系

创新互联网治理模式，提升网络社会管理能力，加强网络实名管理，推进垃圾短信与网络欺诈监测、假冒网站发现与阻断等技术手段建设，加强无线电领域安全执法，加强互联网舆情综合监测能力，减少网络空间不良信息传播。

6.2.2.5 打造福州地区新型智慧乡村示范区

统筹推进福州地区新型智慧乡村示范区建设，实现新区基础设施完备，产业集聚，服务便捷高效，信息技术深入应用，将福州地区打造为国家新型智慧乡村示范区。

具备弹性的基础设施服务能力是满足区内物流、民生、地区治理等方面个性化计算需求，支持业务快速上线和平滑扩展的前程。实现跨部门的综合应用和数据共享，以安全生产预警防控和应急联动应用为重点，实现以事件应急指挥和处置为核心的交通、卫生等多部门的设备、设施、队伍等信息资源交换与共享。

6.2.3 智慧乡村总体架构设计

福州新型智慧乡村示范区的系统架构设计是从总体的角度，提出新型智慧城市的系统目标、系统总体架构、功能组成结构、节点连接关系、部署框架等。

6.2.3.1 系统目标

福州新型智慧乡村示范区以整合通用、开放应用为运行系统目标，其中，整合通用是指实现城乡地区功能整合、资源管理与服务，对下实现对信息基础设施的状态监控和资源管理，对上通过信息共享支撑各类开放的应用系统建设。开放应用是指以开源模式构建各具特色的智慧领域应用，催生新兴的经济发展模式，推动城乡地区治理体系和治理能力现代化的演进完善。

6.2.3.2 系统总体架构

福州新型智慧乡村示范区建设通过强化共用基础设施建设，促进感知、通信和计算资源集约；通过功能整合，促进城乡地区信息资源开放利用；通过开放应用服务，建设充满创新活力的开放系统；通过健全网络空间安全体系，实现网络空间安全；通过创新机制体制和完善标准规范，保障智慧乡村建设项目的实施落地。

1. 共用基础设施完备

共用基础设施由物联感知、通信网络、计算存储设施构成，以打通信息壁垒，构建信息资源共享体系为目标，由全区域统一规划，各部门、各区按照业务需求分工建设，并实现互联互通。

采用全球地理剖分技术，将技术网格和管理网格相统一，实现网格层面的多元信息汇聚，构建乡村地区泛在感知系统。物联感知层建设包括升级改造已建设感知设备，同时新建智能视频感知、水务资源感知、生态环境感知、城乡地区交通感知等公共感知网络，实现感知设备的统一接入和乡村地区各类信息的采集共享。

在通信网络建设基础上，重点加大网络推进力度，提升宽带接入网，推动高速、智慧的移动互联网发展，扩大4G网络覆盖范围，加快4G网络演进。同时，结合国家"十三五"天地一体化信息网络布局，在福州乡村建设天地一体化网络地面信息港，实现泛在的空、天、地网络的一体化服务能力。

基于已建设数据中心机房等计算存储资源，基于统一的技术平台构建逻辑统一、物理分散的统一云平台，面向各乡村和居民提供按需的基础设施服务。

2. 通用功能齐全

在建设基础上，以数据的开放共享和融合利用为核心，对各类信息资源调度管理和服务化封装，实现功能整合，打造开放、安全的乡村地区信息综合集成环境，为各行业、各部门提供通用功能服务。通用功能平台由乡村地区数据资源体系和应用支撑服务构成，由全区域统一规划建设，各部门在全区域统一的通用功能平台之上构建业务应用，避免单独、重复建设。

核心服务是以开放的面向服务技术架构（SOA）为基础，提供全区域统一的门户服务、目录服务、身份认证服务、搜索发现服务、消息服务、中介服务、安全服务、资源管理服务。数据服务提供全区域统一的分析挖掘、数据融合、数据管理、共享交换服务。核心服务按照统一规划、统一标准、集约化的原则，统一建设，全区域分布式部署应用，核心服务和数据服务支撑互联互通互认。

通用业务服务是各部门业务系统中通用的共性应用服务，包括态势综合服务、预案服务、告警服务、邮件服务、流程服务、业务协同服务、报表服务、统一通信服务、物体解析服务和地理信息服务等，主要通过整合现有业务系统以及逐步开发新系统形成。通用业务服务由全区域统一建设提供给各村落直接使用。按照统一标准的要求开展本区通用业务建设，与上级通用业务服务互联互通互认。

3. 业务应用丰富

充分发挥市场的决定性作用，调动各领域、各行业和各企业的积极性，营造大众参与的局面，推进大众创业、万众创新，在业务系统建设基础上，形成各具特色的领域智慧应用。

在智慧民生服务方面，以信息惠民工程试点为建设基础，通过提高信息服务的智能化水平，构建智慧医疗、智慧教育等融合服务，为村民提供全程、全时通办的服务，让百姓少跑腿、信息多跑路，解决办事难、办事慢、办事繁的问题。

以构建现代化治理体系，提高社会治理能力为出发点，加强大数据应用，加快数据开放，推进"互联网+"条件下的政府扁平化管理，实现政府应用大数据支持城乡地区多规合一、多元主体参与社会治理，促进政府开放透明，管理、服务和决策能力全面提升，治理水平全面提升。

在低碳绿色宜居方面，强化信息技术在城乡地区资源管理和节约利用等方面的应用，提升城乡地区获取、控制和转化资源的能力。针对城乡地区发展面临的急切、重大难题，重点推进环保、气象、水务、土地、能源等领域智慧化建设，夯实乡村地区发展基础，实现低碳绿色发展。

在网络防护和身份认证系统的建设基础上，以实现网络空间安全、生态良好为目标，将网络空间安全作为新型智慧乡村的重要内容同步规划、同步建设、同步运行，通过建立统一的网络空间安全服务体系，实现网络安全从多点防护向体系防护演进，提高新型智慧乡村网络空间的整体防御能力，实现网络空间安全体系支撑下的国家信息安全。

在网络基础设施安全方面，建立针对网络核心设备和网络关键节点的安全监测与评价体系，通过核心设备自主可控、网络安全基础数据积累等方式，提高网络基础设施安全性，提升网络安全问题应对和处理能力；在协同防御方面，打破安全防护体系壁垒，将现在的条块化安全防护体系串联起来，建立智慧乡村网络空间综合安全运维、监测预警和协同防御体系。

4. 标准体系可行

按照双轮驱动的要求，采用"遵循、制定、修订"相结合的方式，在此基础上，进一步拓展创新，建设完善福州新型智慧乡村示范区的技术标准、体制机制和评价指标体系。其中，技术标准包括总体标准、基础设施标准、管理与服务标准、运维与保障标准等技术标准。

5. 功能结构合理

福州新型智慧乡村示范区提供共性基础设施功能、通用功能、应用服务功能。其中，共性基础设施服务功能需满足基础设施互联互通的要求，提供物联感知功能、信息传输功能以及计算存储功能。通用功能聚焦资源监管、资源开放、集成协同，提供数据服务、平台运行支撑、数据服务、资源管理、开放测试、安全服务、通用软件功能。应用服务功能面向个人和管理者提供民生服务、乡村治理、低碳绿色方向的业务应用。网络空间安全提供网络空间统一信任服务、网络空间安全综合治理、地区网络空间安全综合指挥等功能。

6.2.3.3 数据体系

福州新型智慧乡村示范区建设的数据体系包括数据开放共享、数据统一描述、数据资源框架三个方面。其中，数据资源框架是基于一定逻辑关系，对数据信息进行归类，确保使用者能根据自身需求获取数据。

数据统一描述定义了传达数据含义的数据结构，建立了语义和语法标准，将价值密度低的数据资源转化为价值密度高的数据资产；同时还提出了符合本体系抽象模型的数据描述指南。

数据开放共享提出了数据的开放共享架构，建立了支撑相关方面数据共享需求的服务，并提出了符合本体系抽象模型的服务规范。

1. 数据资源框架

城乡地区数据资源框架为城乡地区数据提供一套分级组织的方法，是数据主题抽取和开放共享的基础。福州数据资源框架根据数据通用性和支撑领域的角度，将数据划分为业务支撑数据域、体系支撑数据域和业务流程数据字典、地区资源数据字典。

（1）业务支撑数据域

业务支撑数据域是用于支撑地区运行各项业务的数据。地区的管理和发展是由众多业务组成的。业务支撑数据域下分建设管理、社会保障、产业发展、人居环境和经济实体行为专题。其中，建设管理专题是指描述地区建设、管理类具体业务的数据；社会保障专题是指描述地区社会保障具体业务的数据；产业发展专题是指描述地区产业发展具体业务的数据；人居环境专题是指描述人居环境相关的业务数据；经济实体行为专题是指描述经济实体运行、运营的数据。

（2）体系支撑数据域

体系支撑数据域用于支撑数据体系运行的信息系统，包括对业务的产生、流转、监管和数据的产生、转发等。

体系支撑数据域下分业务运行管控、数据管控、安全与隐私专题。其中，业务运行管控专题是指监控业务运行情况的数据；数据管控专题是指管理和监控城乡地区数据的数据；安全与隐私专题是指支撑数据体系安全与隐私的数据。

（3）业务流程数据字典

业务流程数据字典用于存储描述地区业务流程的通用数据，包括规章制度、量化指标等。

业务流程数据字典分规章制度、量化指标、计划风险专题。其中规章制度专题是指描述、组织、个人需要完成某项特定业务所遵守的规则；量化指标专题是指描述地区运行的指标体系。

（4）城乡地区资源数据字典

城乡地区资源数据字典用于存储城乡地区运行所需的各种资源，这些资源具有一定的通用性，不仅局限于某一种应用业务，包括自然资源、基础设施、空间地理信息、人口基础信息等。地区资源数据字典用于描述支撑城乡地区业务的通用的数据，包括资源、地理信息等内容。

地区资源数据字典包括人力资源、地理信息、自然资源、商业资源专题。其中人力资源专题描述支撑地区业务的人力资源数据；地理信息专题是指描述地区的地理信息数据；自然资源专题是指描述地区的自然资源数据；商业资源专题是指商业发展的重要数据。

2. 统一的数据描述方法

数据的描述方法提供了一套统一的描述数据的语义和语法结构，解决使用过程中数据之间的兼容性问题，提升了数据的业务响应能力。

福州新型智慧乡村示范区建设需建立全区域统一的数据描述方法，对结构化数据、非结构化数据进行规范描述。

6.2.3.4 节点连接关系

1. 外部接口关系

大数据中心等资源节点、通用功能平台、地区运营管理中心共同构成综合信息集成环境，与外部环境互联互通。

地区综合信息集成环境是地区各类数字化信息资源的集散枢纽，是各部门之间的桥梁。通过感知接口采集地区各个领域的信息，并与全球地理剖分技术相结合，按照地区单元网格将各类感知信息融合处理，支撑各部门的智慧决策。通过服务接口，按需向组织和个人提供信息服务。通过接口、指挥调度接口对上与上级政府部门系统实现互联互通，对下指挥调度相关处置力量进行地区治理和管理。

2. 内部互联关系

福州新型智慧乡村示范区主要节点涉及计算存储资源节点、地区运营管理中心、组织和个人等。

福州新型智慧乡村示范区建设通过互联网、物联专网有效地实现各类信息、互联网信息和感知信息的汇聚，将地区中各类计算存储资源节点形成地区物理分散逻辑统一的地区综合集成信息环境，并进行数据融合处理，向各级政府部门、组织、个人提供随时随地的信息服务。

6.2.3.5 部署框架

福州新型智慧乡村示范区建设的计算存储设施主要部署在地区大数据中心机房，通用功能平台、业务应用主要按需部署在地区大数据中心机房、地区运营管理中心机房。通过统一云服务平台提供计算存储资源服务，部署信息资源库、业务信息库以及物联网信息资源库。

6.3 智慧乡村的运营模式与体制机制探讨

6.3.1 智慧乡村体制机制建议

6.3.1.1 组织保障

1. 成立智慧乡村建设领导小组

负责确定新型智慧乡村示范区建设发展战略规划、政策标准和年度实施方案，统筹领导示范区建设，抓好全过程监督管理和重大问题上的宏观决策。领导小组办公室负责贯彻执行领导小组的各项决议，起草和制定新型智慧乡村示范区建设相关政策、制度，负责项目的规划、建设、实施和运维的管理工作，形成目标统一、分工明确、统筹兼顾、协调有力的信息化发展机制和模式。

2. 成立新型智慧乡村建设推进工作领导小组

负责研究解决双方共建新型智慧乡村的合作计划、项目、模式等重大问题。推进工作领导小组下设办公室，负责日常推进和协调工作。

3. 各主要单位或部门成立相应的"工作推进小组"

各主要单位或部门明确自身新型智慧乡村示范区建设分管领导、责任部门和具体经办人员，负责本单位智慧乡村项目的规划设计、实施运营及协调工作。基于新型智慧乡村调研实际情况，各部门普遍缺乏信息化专业人员和力量承担信息化工作，建议各部门要加强信息化专业人才引进和培养。

6.3.1.2 运营保障

为加快推进新型智慧乡村创建工作，有效解决信息化专业才人不足以及后续的运维问题，全力提升智慧乡村建设水平，建议组建智慧乡村投资运营公司，全面承担新型智慧乡村项目的投资、建设和管理运营工作。

6.3.1.3 资金保障

1. 统一安排、专户管理、集中使用

由智慧乡村建设领导小组办公室会同智慧乡村管理服务中心及财政等部门共同制定福州新型智慧乡村示范区建设资金保障和管理办法，对全区域新型智慧乡村资金管理使用制定具体措施。

2. 争取国家、省相关引导和配套资金落户福州

充分利用国家"十三五"规划对新型智慧乡村政策的引导作用，积极争取国家和省科技部门、经济综合管理和相关产业部门对新型智慧乡村示范区建设的指导与支持，争取更多的试点、示范项目落户发展。

3. 开拓多元化资金筹措渠道

加大财政资金投入、引导鼓励社会资本参与新型智慧乡村示范区建设，综合利用企业债券、资本市场公开上市、基金运作等投融资方式为新型智慧乡村示范区建设筹集资金，有效减轻财政压力，解决政府财政投入不足的问题。

第7章

宜夏村传统村落的现状与发展

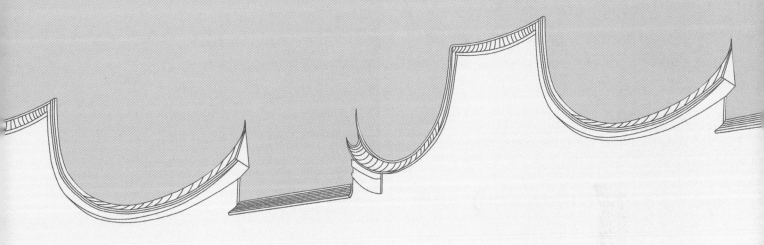

7.1 鼓岭宜夏村概况

7.1.1 宜夏村基本情况

鼓岭宜夏村始建于1886年，位于鼓岭景区南部，鼓宦公路自南向北贯穿全村，周边交通条件便利。宜夏老街为宜夏村的核心部分，沿线分布着许多中西合璧的历史建筑，另有古井、石板路、登山道等历史元素十分丰富，文化景观资源丰富。宜夏老街建有商铺、邮局、医院等公共设施。改革开放后，老街两旁的房屋还依然维持着楼下商铺楼上住家的传统模式。宜夏村的空间尺度基本保存完整，与地形特色完美结合，蜿蜒别致，空间错落。

7.1.2 宜夏村传统村落现状调查分析

7.1.2.1 宜夏村风貌特点

宜夏老街与其他老街不同的是，本区不仅拥有本土传统文化的福州特色木构建筑和古园林，还有来自各个国家的洋人别墅、社区设施、教堂为代表的舶来文化，均有历史遗存或可考证的历史遗迹，形成了历史上多元文化交融和相互影响的状态，凸显了文化交融的历程。

（1）石木结构，单层，走廊宽大，最宽的达4米，作为平日乘凉和悬挂秋千的场所。而根据洋人们的建房习惯，每栋老西式别墅的后院一般都会配有一口古井，向北一面均用石块砌成防风墙，最厚的墙基达4米。

（2）传统木结构建筑，在本区不多，仅有两处，主要为沿街商铺形式，底层直接对外作为商用，上层房屋为住宅，形式为竖条"鱼鳞板"形式。

（3）石构建筑，石屋的墙体用青、黑、白等不同颜色的石头砌成，1~3层，欧式、波西米亚风格等。

多样的建筑结构类型，在本区构成了较为丰富的沿街立面效果，本区内，形成了具有地形、历史和生活特色的建筑立面效果（图7-1-1~图7-1-3）。

7.1.2.2 宜夏村地形特点

老街位于鼓岭梁厝山（最高点高程800.31米）西北侧，地形起伏不大，海拔在670~730米之间，前方开阔。

老街规划范围内的华福别墅和万国公益社区域形成局部高地（高程705米左右），万国公益社后为西南—东北向大谷地，老邮局遗址西南向为局部小洼地（有水塘），"炮楼"别墅前

方为向前延伸并接入东南—西北更大山谷的深谷，再前方为青翠的山岭。

沿老街线路从万国公益社前至老邮局遗址旁高程从704米逐步降至690米，高差14米，坡降约4.5%，坡度较缓。

老街区域地形坡度大部分在10%~25%之间，"炮楼"别墅前方（前临山谷）和游泳池后方（后靠梁厝山）则坡度较大。在华福别墅周边为局部高平地，在老邮局遗址西南向为局部低洼平地。

总之老街区域的选址避开了水浸的洼地、风疾的山顶，前后视野又相对开阔，为避暑休闲的好场所（图7-1-4、图7-1-5）。

1	2
3	

图7-1-1　**宜夏老街石构建筑**
（图片来源：陈硕 摄）

图7-1-2　**宜夏老街石木构建筑**
（图片来源：陈硕 摄）

图7-1-3　**宜夏老街木构建筑**
（图片来源：陈硕 摄）

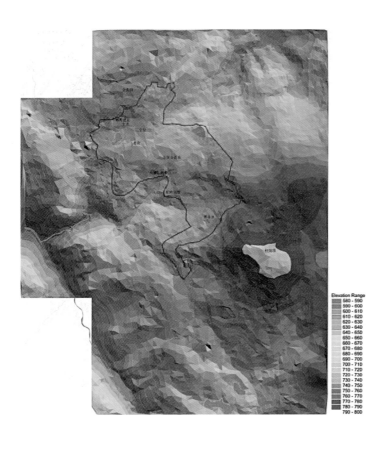

图7-1-4 宜夏村地形图
（图片来源：福州市规划设计研
究院资料）

图7-1-5 宜夏村地形坡度图
（图片来源：福州市规划设计研
究院资料）

图7-1-6 宜夏村西洋建筑
（图片来源：陈硕 摄）

7.1.2.3 鼓岭宜夏老街物质形态特征

1. 建筑

鼓岭宜夏老街规划范围内的建筑既有当
地特色同时具有欧美古典建筑特色，建筑类
型主要有以下几种：

（1）西洋建筑（图7-1-6）

主要以土堡别墅（炮楼别墅）为代表，
以西洋风格为代表性，建筑层数为1~2层。

墙面：花岗岩石砌为主，结合整砌与乱
砌。柱子形式为矩形，材质以石构为主。

屋顶：以灰瓦为主，上压镇石。屋顶坡
度在11°~22°。屋顶结合建筑平面布局有
双坡顶、四坡顶、圆顶、多面顶等多种形
式。出檐较长，基本上在1.5米左右。

门窗：以原木色木门窗为主，为了通风采光，窗户为双开百叶状，后期改造为塑钢门窗。

建筑平面：建筑在顶层或一层基本上有悬挑屋面或走廊，形成休闲平台或顶层架空平台，作为家庭休闲空间。

栏杆：主要以成品的花瓶栏杆为主。

（2）中西合璧式建筑（图7-1-7）

以万国公益社为代表，大部分建筑为1~2层。

墙面：以本地产花岗岩石砌为主，整砌灰色石材。

屋顶：以灰瓦为主，上压镇石。屋顶坡度在11°左右。屋顶结合建筑平面布局有双坡顶和四坡顶为主。

窗户：以原木色木门窗为主，为了通风采光，窗户为双开百叶状，后期改造为铝合金门窗。

建筑平面：通过屋面悬挑和走廊，产生架空层平台，以供休闲。

栏杆：以矩形斜向平型布局，材料为片石为主。

（3）当地传统石构建筑（图7-1-8）

传统石构建筑分为两种，一种为平屋顶，一种为坡屋顶。

图7-1-7　宜夏村中西合璧建筑
（图片来源：陈硕 摄）

图7-1-8　宜夏村中石构建筑
（图片来源：陈硕 摄）

墙面：坡屋顶建筑为毛石乱砌为主，色彩为灰色、褐色。平屋顶为花岗岩工字砌法，色彩主要为白灰色。

屋顶：坡屋顶建筑以灰瓦为主，上压乱石，屋顶坡度在11°左右，出檐较长，基本上在1米左右。平屋顶为花岗岩条石相拼，屋顶主要为双坡顶形式。

门窗：以原木色木门窗为主，为了通风采光，窗户为平开，洞口较小。后期改造为铝合金塑钢门窗，材料无改造的为了防腐，基本也被涂上红色或绿色油漆。

建筑平面：较为方正。

栏杆：基本上建筑无阳台、栏杆。

（4）当地传统木构建筑（图7-1-9）

具有福州本地木构建筑形式，大部分建筑为2层。部分建筑底层为石砌，二层为木构。

墙面：石砌和木构相结合，一层石砌筑主要以花岗岩整砌为主，工字砌法，色彩以灰色为主。二层为竖向木板相拼。后期居民改造部分二层木墙面被抹灰。

屋顶：坡屋顶建筑以灰瓦为主，上压乱石，屋顶坡度在11°~22°，出檐较长，基本上在1米左右。

门窗：以原木色木门窗为主，为了通风采光，窗户为平开，洞口较小。后期改造为铝合金塑钢门窗，材料无改造的为了防腐，基本也被涂上红色或绿色油漆。

建筑平面：较为方正。

栏杆：沿街建筑基本二层，挑廊1.5米左右，栏杆为美人靠形式居多，部分为直立方形木栏杆平行布局。非沿街建筑基本上无阳台、栏杆。

（5）中华人民共和国成立后特别是20世纪80年代后建设的建筑（图7-1-10）

大部分为民居，部分为公建。建筑高度较高，基本上3~5层，严重破坏宜夏老街建筑尺度。

墙面：建筑结构有整石砌筑、砖混结构、框架结构等各种建筑形式。墙面材料有涂料、瓷砖、石材等各种形式。色彩有红色、灰色、三色砖等混乱不堪。

屋顶：基本上以平屋顶为主，大部分有檐口，檐口分为两种，一种为平板外挑，一种为斜向檐口，少部分为女儿墙建筑。

门窗：铝合金和塑钢门窗为主。

建筑平面：较为方正。

栏杆：部分为下部实体栏杆，上部为不锈钢透空栏杆或花瓶栏杆或成品混凝土制栏杆；部分为全透空不锈钢栏杆。

2. 园林绿化

本区绿化主要为高大乔木，树种主要为适应鼓岭地区高海拔、低温潮湿气候特征的乔木，树种主要有水杉、柳杉、柏树、松树、毛竹、桂花、朴树等，由于历史悠久，现状树木冠幅较大、干径大。

9
—
10

图7-1-9　宜夏村中木构建筑
（图片来源：陈硕 摄）

图7-1-10　宜夏村中华人民共
　　　　　和国成立后建筑
（图片来源：陈硕 摄）

地被类主要为野草和当地居民种植的蔬菜为主。

整体绿化较为野趣，同时缺乏管养，略显粗犷（图7-1-11）。

3. 环境小品

（1）小径

本区内的小径极具特色，主要为联系各高程平面的建筑群落，主要路面为整石或碎石铺就，整体感觉比较古朴，富有韵味，宽度0.6米到1.5米不等。新修建的游步道有整石工字铺法和整石碎石相拼接两种，宽度在1.5米左右，与本区整体氛围较为协调（图7-1-12）。

（2）休息坐凳

本区内的休息坐凳由于商业功能退化，人流量较少，休息坐凳数量现存不多，传统的休息坐凳主要以石板条为主，宽度在20~40厘米不等，相对比

11 | 12

图7-1-11　宜夏村园林绿化
（图片来源：陈硕 摄）

图7-1-12　宜夏村小径小品
（图片来源：陈硕 摄）

较简易。

部分现代的休息坐凳结合建筑架空层布置，主要形式为不锈钢管焊接，与整体风貌不太协调（图7-1-13）。

（3）挡墙

传统的挡墙形式主要有两种：乱石堆砌和毛石砌筑。毛石砌筑主要为斜向拼接。现代新修挡墙有条石工字砌法和混凝土和预制混凝土构件相结合的方式，基本比较协调（图7-1-14）。

（4）其他

传统的其他环境小品如水井、石臼等在老街上，富有生活气息，较为生动地传达了历史信息，可在未来保留。

而现代的其他环境小品如信报箱、下水管道检查井盖等与老街传统风貌相冲突（图7-1-15~图7-1-18）。

13

14

图7-1-13　宜夏村休闲坐凳小品
（图片来源：陈硕 摄）

图7-1-14　宜夏村挡墙小品
（图片来源：陈硕 摄）

7.1.2.4 现状主要存在问题

1. 部分具有代表性建筑已毁

具代表性建筑，例如游泳馆周边配套、老邮局等建筑已毁，部分正在考虑修复（图7-1-19~图7-1-21）。

2. 整体景观环境较差，部分建筑形象与传统风貌冲突较大

规划区范围内的道路、台阶及小山道基本保持历史风貌，万国公益社、炮楼别墅及部分历史建筑等组成的老街依然延续着历史形成的街区肌理和空间形态特征。

另外，部分区域的建设密度明显提高，对整体的第五立面及局部的景观形态造成严重影响，部分大体量建筑的造型突兀，与历史建筑在风格样式上差异过大，对景观造成不良影响。如沿线南侧华福别墅，体量巨大，立面设计简单粗糙，与本区冲突很大；又如沿线内部一些本地居民自建的楼房，同样在体量、立面等方面存在很大问题，并使得古街具有连续感的沿线立面遭到严重破坏；同时老街沿线，也有少量小体量的搭盖建筑使用了与老街风格不符的形态，并且质量较差，极大破坏了老街的立面风貌。这些建筑应在地段的有机更新中，根据各自不同情况区别对待，加以改善与更新（图7-1-22）。

15	16
17	18

图7-1-15　宜夏村水井小品
　　　　　（图片来源：陈硕　摄）

图7-1-16　宜夏村石臼小品
　　　　　（图片来源：陈硕　摄）

图7-1-17　宜夏村下水阀门井盖
　　　　　（图片来源：陈硕　摄）

图7-1-18　宜夏村水表箱
　　　　　（图片来源：陈硕　摄）

图7-1-19　宜夏村已废弃游泳池
（图片来源：陈硕 摄）

图7-1-20　宜夏村已毁坏石头挡墙
（图片来源：陈硕 摄）

图7-1-21　宜夏村已毁坏建筑
（图片来源：陈硕 摄）

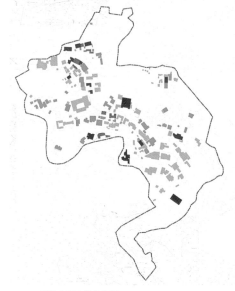
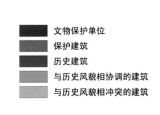

■ 文物保护单位
■ 保护建筑
■ 历史建筑
■ 与历史风貌相协调的建筑
■ 与历史风貌相冲突的建筑

现状建筑风貌分类图

3. 部分建筑质量较差，存在残损问题

区内质量较差的建筑主要为部分木构历史建筑，在古街沿街地区分布并不多。整个建筑结构均为全木结构，或下市上木结构，由于年久失修，部分结构已经开始损坏，大部分的维护面层"鱼鳞板"甚至已经腐坏。同时，20世纪50年代旧建筑构造十分简陋，建筑内部空间很难满足居住、商业等使用功能的基本需求。另有部分建筑为近年来建造的现代砖混结构建筑，如小学的办公楼建筑及当地居民住屋等（图7-1-23）。

4. 地段的区位价值未得到充分利用

根据现场老百姓述说，宜夏老街在晚清封建时期是本区的主要商业区，主要为洋人及本区居民生活、避暑、休闲服务，也相当繁华，新中国成立后洋人逐渐撤走回国，古街也开始慢慢冷淡下来，逐渐萧条。

由于现有建筑质量较差，难以满足使用功能的基本需求，因此老街沿线建筑大部分利用率不高，沿街铺面不少仍然闲置，至于建筑二层更多处于空置状态。地段的建筑环境对于商业的吸引力很差，因此，应在建筑更新改造中，改善建筑环境，增强地段吸引力，发挥应有的土地效益（图7-1-24）。

图7-1-22　**宜夏村现状建筑风貌分类图**
（图片来源：福州市规划设计研究院资料）

图7-1-23　**宜夏村现状建筑质量分类图**
（图片来源：福州市规划设计研究院资料）

图7-1-24　**宜夏村现状建筑保护类别图**
（图片来源：福州市规划设计研究院资料）

质量差
质量尚可
质量完好

现状建筑质量分类图

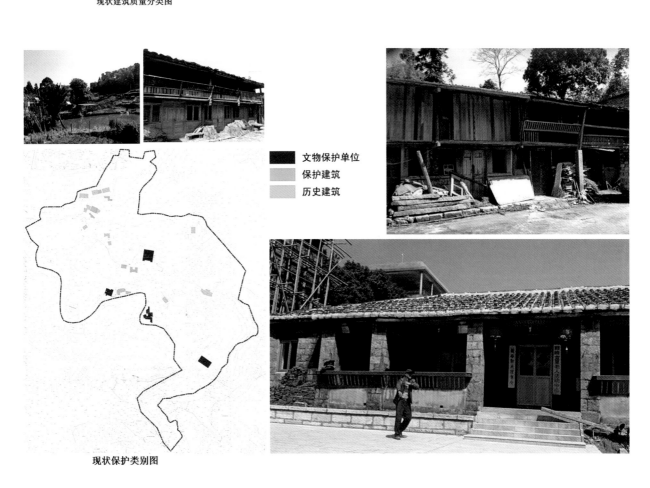

文物保护单位
保护建筑
历史建筑

现状保护类别图

5. 市政设施现存问题

地段内的基础市政设施都十分匮乏。排水系统为雨污合流式，雨水多靠内天井的自然渗透，严重影响居民的生活质量。

7.1.3 宜夏村传统村落演化历程

宜夏村位于鼓山风景名胜区的鼓岭景区，鼓山国家风景名胜区位于福州市东北角，距福州市区约18公里，南邻闽江和福州市区，风景区总面积49.7平方千米。

鼓岭景区为鼓山风景区的六大景之一，位于风景区中北部，海拔800多米。景区夏季气温较市区低8~10℃，素有"左海小庐山"的美誉，与江西牯岭、浙江莫干山、河南鸡公山齐名。

鼓岭宜夏老街位于鼓岭景区宜夏村中部的三宝埕，长约300米。老街的开发建设始于1886年，伴随传教士在鼓岭的休闲度假避暑居住而逐渐形成。

本区周边的区域资源条件较为丰富，西南侧紧邻鼓宦公路，且有公交设施，与市区交往的交通条件便利，向北靠近过仑村，村舍环境较好，景观优美，向南靠近柳杉王公园风景名胜，区内有洋人别墅、万国公益社等文保及老邮局等历史建筑，此外还拥有古井、石板路、登山道等历史人文元素（图7-1-25~图7-1-30）。

图7-1-25 **鼓岭老街区位图**
（图片来源：福州市规划设计研究院资料）

图7-1-26 **宜夏村区位图**
（图片来源：福州市规划设计研究院资料）

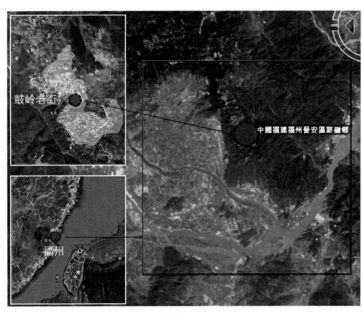

区位图

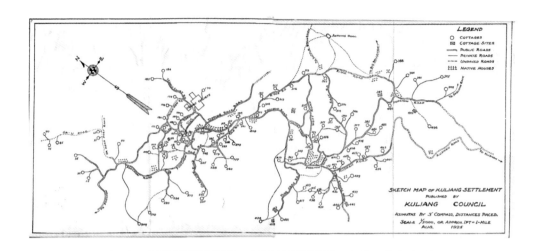

图7-1-27　宜夏村街道英文测绘图
（图片来源：福州市规划设计研究
资料）

图7-1-28　宜夏村街道历史照片
（图片来源：陈硕 摄）

图7-1-29　宜夏村土地利用现状图
（图片来源：福州市规划设计研究
院资料）

图7-1-30　1984年老地图
（图片来源：福州市规划设计研究
院资料）

7.2 宜夏村传统村落的建筑特色

宜夏老街不仅有以福州特色木构建筑、古园林等为代表的本土传统文化，还有以来自各个国家的洋人别墅、鼓岭老邮局、教堂、洋人泳池等为代表的舶来文化，均有历史遗存或可考证的历史遗迹，展现出历史上多元文化交融和相互影响的状态，凸显文化交融的历程和成果。

7.2.1 仿近代样式的老式建筑

外廊达4米宽，可在此乘凉玩耍。每栋老西式别墅的后院一般都会配有一口古井，向北一面均用石块砌成防风墙，最厚的墙基达4米。

7.2.2 "鱼鳞板"等形式的传统木结构建筑

在宜夏村不多见，仅有两处，主要为沿街商铺形式，底层直接对外作为商用，上层房屋为住宅，形式为竖条"鱼鳞板"形式。

7.2.3 极具建筑层次感及空间感的石构建筑

石屋的墙体用青、黑、白等不同颜色的石头砌成，1~3层，多为欧式、波西米亚风格等。多样的建筑结构类型，构成了老街较为丰富的沿街立面效果，此外，受宜夏村的地形影响，沿线也形成了多处绿色开敞空间，建筑结合地形高差，形成高低错落的建筑层次感及空间感，虚实变化丰富，加上古井、水池、栏杆等历史元素，使得本地段极具生活气息与地方特色。

7.3 宜夏村传统村落的地域文化

7.3.1 以生态环境为依托的避暑休闲文化

宜夏村不仅生态良好，环境优美，还是福州的艺术天堂，如今不少老艺术家还常年居住于此。多年来，鼓岭始终坚持以生态环境为依托发展旅游业，传承和发扬避暑休闲文化。

7.3.2 传统风俗浓厚的民俗文化

在每年夏秋两季的农闲时，鼓岭的村庆日是七月初七。到了村庆日当天，主办村会邀请其他各村来参加活动，分享收获的喜悦；此外还有清明节习俗，在鼓岭的郭姓家族举行清明扫墓祭祖，祭祖后会办酒宴请全村同胞，一般都有数十桌，年年如此，热闹非凡。每当到了这时候，村民们总会邀请来山上度假的外国人士，他们对于当地的传统风俗兴趣浓厚，很是热爱。

7.4 宜夏村传统村落的保护与复兴

7.4.1 宜夏村传统村落的保护与复兴意义

乡村旅游开发对于地域文化的保护与传承是一把双刃剑。鼓岭特有的地域文化是其重要的旅游资源，造就了鼓岭旅游的核心价值。因此，在宜夏村传统村落保护提升中，应积极改善建筑环境，增加公共服务设施及停车场所，以此提升宜夏村的旅游吸引力。宜夏村在鼓岭的核心地位，对于恢复鼓岭的历史风貌、保护鼓岭的地域文化、发展鼓岭旅游具有相当重要的意义。

7.4.2 传统村落复兴面临的主要问题

7.4.2.1 部分具有代表性建筑或古迹已毁

比如洋人泳池周边的配套设施，目前已不复存在，老邮局大部分已毁，仅剩中间段的木构部分，现存质量差，旧址两侧已建起2栋3层砖混建筑，洋人别墅对面几栋建筑仅剩几面残墙。

7.4.2.2 整体景观环境与传统风貌冲突较大

区内沿线的山形地貌无显著改造，绿化植被及水池保存较好，而后期大量改造及新建设的建筑建设密度过高、造型突兀，与历史建筑在风格样式上差异过大，使得古街具有连续感的沿线立面风貌遭到严重破坏，对景观造成不良影响。

7.4.2.3 地段的区位价值未得到充分利用

现有建筑质量较差，存在一定的残损问题，缺乏防雨、保温隔热等现代化设备，建筑内部空间很难满足居住、商业等使用功能的基本需求，商业的吸引力较差。导致老街沿线建筑大部分利用率偏低，至今依然闲置。

7.4.2.4 公共基础设施匮乏

宜夏村内具有地方建筑传统特色的宾馆、餐厅、超市等服务设施也较为缺少，而且公共管理、社区活动建筑与停车场地等公共设施严重匮乏，不能满足当地居民的生活需求和游客度假需求。

7.4.3 原住民保持与鼓岭避暑文化延续

7.4.3.1 规划尽量把鼓岭景区的原住民保留

现存的宜夏村规划尽量把鼓岭的原住民保留，在满足村民居住的需要下，对部分违章超高建筑进行降层或拆除处理，旧有建筑进行整治改造，保持村民起居生活习惯和习俗的原真性。

7.4.3.2 延续民间文化、观星象及避暑纳凉等文化

宜夏村还是福州天文现象的最佳观测点，人们经常观测流星，许下美好心愿，当地度假并喜好天文观测的外国人一同加入这种祈福祝愿行列。

村上的日常生活比较丰富，建有教堂、游泳池、万国公社、网球场及学校，公益社每年还组织一次网球比赛，为鼓岭的一大盛事，无论国籍、阶层，都参与其中。规划让宜夏村既成为福州居民又是中外人士的避暑胜地，从而传承避暑文化传统（图7-4-1～图7-4-4）。

图7-4-1　鼓岭老照片1
（图片来源：作者收集整理）

图7-4-2　鼓岭宴席照片
（图片来源：作者收集整理）

图7-4-3　鼓岭老照片2
（图片来源：作者收集整理）

图7-4-4　鼓岭老照片3
（图片来源：作者收集整理）

1	2
3	4

第8章

宜夏村传统村落选址与空间形态风貌规划

08

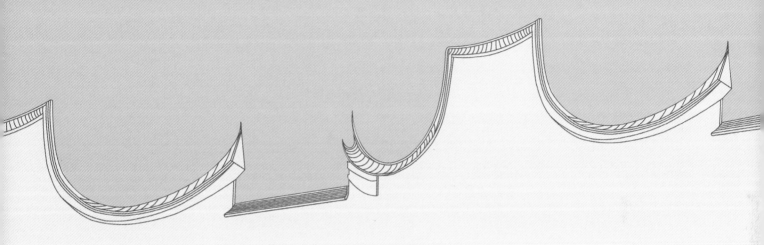

8.1 保护规划对地段的控制要求

宜夏老街位于鼓岭宜夏村的核心地段，并在《福州市北峰区域规划》中处于生态保护区范围内，同时也是鼓岭保护核心区的重要组成部分，同时属于《福州市历史文化名城保护规划》确定的历史建筑群。本区规划范围内有文物保护单位三处，包括万国公益社（市级）、炮楼别墅（市级）、柏林别墅。另有清朝末年及民国时期，洋人建的别墅及本地居民自建房等多处保护建筑，及近现代时期本地居民自建房等多处历史建筑。

本区的文物保护单位本体及保护范围内的建筑，应严格遵循《中华人民共和国文物保护法》及《历史文化名城保护规划规范》的要求，对各处文物保护单位的保护措施的要求进行保护与整治。

保护与整治措施参照历史街区的做法包括：保护修缮、维修、拆除与恢复风貌、改善维修、暂留五大类。规划范围线内的建筑应本着对文化遗产周边环境有效控制、协调历史街区风貌的原则，进行保护与整治。保护与整治措施包括修缮、维修、整治更新、改善整修、暂留。建筑高度原则上应控制在三层以下，檐口限高10米。整治后建筑应基本维持原有建筑的风貌，新建建筑形式原则上应采取坡屋顶、体量不宜过大，应采用能够与周边文物及传统建筑相协调的外观样式、材料及做法（图8-1-1）。

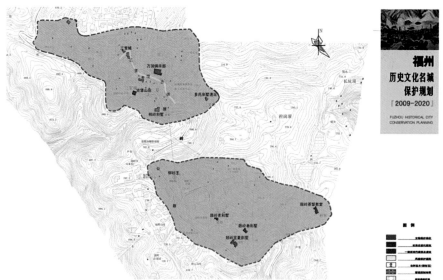

图8-1-1　福州历史文化名城保护
　　　　　规划
（图片来源：福州市规划设计研
究院资料）

8.2 文化遗产保护设计原则与策略

8.2.1 基本原则

1. 严格遵循《福州市北峰区域规划》（2004-2020）；

2. 严格遵循《鼓山风景名胜区总体规划》（2009-2025）；

3. 对地段已有的历史资源与特色，应给予严格保护；

4. 严格遵循《历史文化名城保护规划规范》（GB 50357-2005）；

5. 基本维持原有街区的尺度与规模，通过小尺度建筑延续城乡地区历史街区的环境氛围与场所精神；

6. 最大可能保留旧有建筑，对其进行修缮及内部重新利用，并最大可能保持历史真实性（图8-2-1~图8-2-3）。

8.2.2 基本策略

1. 最大可能保留旧有建筑及历史信息，保持历史的真实性；

2. 沿用西方石构建筑形式与做法，建筑外立面采用石构及石木建筑方式，在立面符号、细部、色彩等各方面归纳整理宜夏老街商业建筑立面形式，

1 | 2

图8-2-1 **鼓岭老街道**
（图片来源：福州市规划设计研究院资料）

图8-2-2 **鼓岭新街道效果图**
（图片来源：福州市规划设计研究院资料）

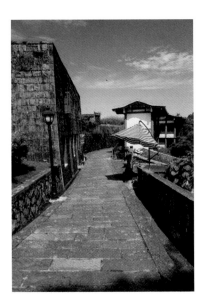

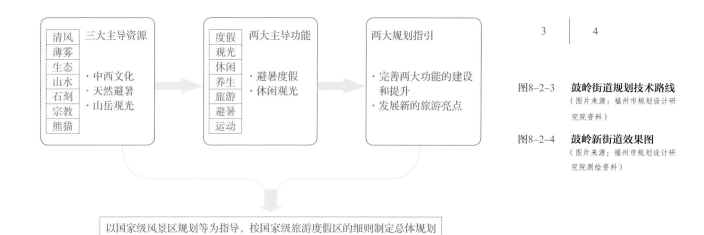

形成新建筑设计中可以选择的系统体系。

3. 严格控制新植入建筑的体量与尺度，建筑高度控制在三层以内（仅局部），以二至三层石构建筑为主；并强调老街立面轮廓的变化，能反映老街历史自然演进过程。

4. 福州地区历史老街的案例研究与归纳：砖石建筑、木构建筑特征与类型，以及各种类型的具体做法。

5. 新建筑无论是石构、石木或近代砖石建筑，均取材于福州鼓岭地区及周边其他地区，不做没有依据的创新，以充分反映福州鼓岭的历史风貌。

6. 为了保持宜夏老街的历史真实性与风貌多样性，适当恢复一些近年来拆除的洋人别墅砖石建筑，重现古街景观的完整性及丰富性。

7. 保持历史街道的宽度与格局，保持街道两侧建筑高度比例关系，不得恢复路面铺装材质。

8. 除恢复历史原貌措施外，其他保护和更新措施应以制止新的损毁，以提供最必需的生活改善需求为出发点，不得对原貌做美化性改变，新增加的功能设施尽可能少的隐蔽（图8-2-4）。

8.3 传统村落乡土特性与时尚度假文化的结合

8.3.1 物质文化——延续建筑特征并植入创新元素

规划在建筑形态上既延续传统的历史建筑形式、材料和符号等村落的乡土特性，传承洋人别墅建筑特征并植入创新新材料和新元素，形成村落乡土特性与时尚度假文化相融合，营造既具有时尚文化元素又有鲜明地方特色的个性化特征。

8.3.2 非物质文化——形成社区活态博物馆

在非物质文化方面，如特色避暑生活方式、民风习俗文化及宗教信仰文化等，结合游线规划，在重要节点规划设置各具特色的展示馆，对鼓岭各类文化进行展示，并形成社区活态博物馆，强化鼓岭旅游度假区的村落乡土特性与时尚性结合（图8-3-1）。

图8-3-1 鼓岭宜夏村照片

（图片来源：福州市规划设计研究院资料）

8.4 低碳改造提升景观环境

8.4.1 就地取材，低碳节能

图8-4-1 鼓岭宜夏村改造效果图
（图片来源：福州市规划设计研究院资料）

保留改造、降层整治和利用拆除下来的可用材料和当地传统的建筑材料（瓦、石头等）进行建造，保持地域性的同时也减少了材料的浪费，做到低碳环保（图8-4-1～图8-4-3）。

2 | 3

8.4.2 降低建筑密度和高度,提供优质景观环境

充分尊重当地住户,尽可能照顾居民的合理要求,通过降低建筑密度、高度,并进行立面改造与景观提升,提供优质的生活环境。

8.4.3 实施效果和影响

鼓岭旅游度假区在规划、旅游、建筑、景观设计、古建修复相融合五位一体的由大至小,以及从宏观到微观规划设计的整体把控实施下,核心景区初见成效,目前正在申报国家级旅游度假区,宜夏村新农村建设工作有序进行,景区建筑按规划进行拆除、降层、改造、功能转化等工作;同时,鼓岭宜夏老街的保护和整治建设工作基本完成,历史建筑的修复修缮工作已完成,三条游步道已建成,新景点阅城云街等正准备实施。经过三年多的建设,鼓岭景区老景新颜焕发,成为炎热夏天福州居民度假纳凉的好去处。

据晋安区旅游管理部门统计,每年夏天接待游客30多万人次的避暑胜地鼓岭景区,经过保护和提升的规划与建设后,游客量又创新高,日均游客达到6000人次。

图8-4-2 **鼓岭宜夏村改造后效果图**
（图片来源：福州市规划设计研究院资料）

图8-4-3 **鼓岭宜夏村照片**
（图片来源：陈硕 摄）

8.5 宜夏老街传统产业布局规划

8.5.1 总体功能定位——文化共融的特色商业街

宜夏老街的总体功能定位为中西文化共融的特色商业街，体现与弘扬当地历史特色、文化底蕴与西洋建筑特色与休闲文化的集中展示窗口；另外，应积极提升公共设施层次，形成接待、休闲、娱乐功能完备的生活场所，并与传统文化商业相配合，形成福州鼓岭具有独特吸引力的旅游城乡地区名片（图8-5-1、图8-5-2）。

8.5.2 业态规划——重现历史场景，增加现代设施

规划重现老街历史上的部分商业、娱乐、健身等活动场景，增加部分现代旅游度假设施。

1
———
2

图8-5-1 **鼓岭宜夏村沿线商业业态规划**
（图片来源：福州市规划设计研究院资料）

图8-5-2 **鼓岭宜夏村规划图例**
（图片来源：福州市规划设计研究院资料）

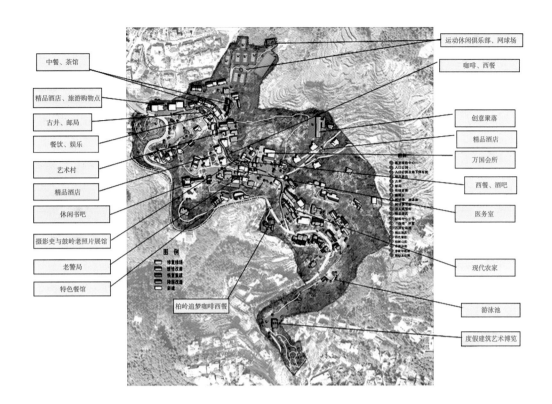

中餐、茶馆

精品酒店、旅游购物点

古井、邮局

餐饮、娱乐

艺术村

精品酒店

休闲书吧

摄影史与鼓岭老照片展馆

老警局

特色餐馆

柏岭追梦咖啡西餐

运动休闲俱乐部、网球场

咖啡、西餐

创意聚落

精品酒店

万国会所

西餐、酒吧

医务室

现代农家

游泳池

度假建筑艺术博览

图例

修复修缮
维修改善
恢复重建
降层改造
新建

图例

① 旅游接待中心
② 入口公园
③ 入口公园及地下停车处
④ 精品酒店
⑤ 古井
⑥ 邮局
⑦ 传统老街
⑧ 咖啡区
⑨ 网球场、游泳池
⑩ 网球俱乐部
⑪ 洋人风情街
⑫ 精品酒店
⑬ 鼓岭中心小学
⑭ "炮楼"别墅
⑮ 万国公益社
⑯ 精品酒店
⑰ 特色餐饮
⑱ 柏林山庄
⑲ 老甲村故居
⑳ 李世甲故居
㉑ 荷衫王公园

图例

修复修缮
维修改善
恢复重建
降层改造
新建

第9章

宜夏村传统民居结构与功能综合提升

实施方案

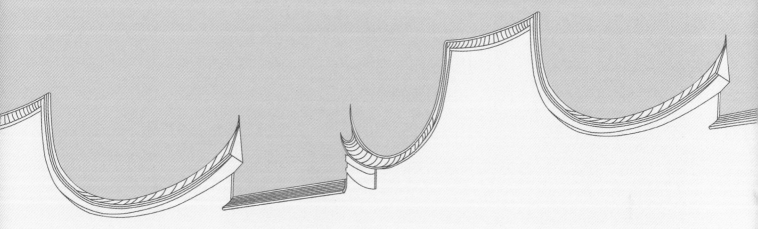

9.1 古建筑的经常性保养与修护工作

9.1.1 古建筑经常性保养与修护的重要性

古建筑的自然破坏，是一个客观的规律，一切物质都在新陈代谢，古建筑材料也因自然的侵蚀不断老化：如木材因雨水浸蚀或干湿变化而糟朽，被虫蛀而空朽；砖、石经风吹日晒后被酥碱风化，钢铁构件被锈损等。

对于文物保护工作，特别是经常性维护保养，是每个文物工作者必须面对的重要工作，下面以古建筑经常性的保养与维护工作为例展开分析。从2007年开始，历时近5年的第三次全国文物普查发现，已登记的不可移动文物中，17%的文物保存状况较差，保存状况差的占8.4%，即26.1%的不可移动文物保存状况差强人意，还有登记在册的约4.4万处不可移动文物已然消失。由此可见在文物保护工作中存在一些不能忽视的问题。

9.1.2 经常性保养与修护工程内容

经常性的保养与修护工程，是指在不改动古建筑的结构、色彩、原状的前提下进行的经常性的小修小补工程。

经常性保养工程的内容包括：

（1）屋顶除草勾抹，清除瓦顶污垢，更新残损瓦件，局部揭瓦补漏，检查瓦件自然裂缝，减少污土的侵蚀污染；

（2）小修小补局部损坏的门窗；

（3）对因狂风暴雨、出现问题的梁、柱、墙壁等进行简易支撑；

（4）检查防腐、防虫措施；疏通排水设施，清除庭院污土污物，保持雨水畅通；

（5）检查安防、消防、防雷装置，强化安全防护措施等。

对于残损情况尚不十分严重的古建筑来说，进行经常性的保养修护工程，可以保持建筑较长时间不塌不漏，延长建筑寿命，做到防患于未然。

9.1.3 经常性保养与修护的具体措施

结合保养工程的内容，具体措施主要从瓦屋面、木构件、墙体、石构件以及庭院等几个方面进行论述。

9.1.3.1 瓦屋面保养与修护

经常性的瓦屋面保养与修护工作包括：清扫瓦屋面、清除杂草、杂树、树叶、积土等；当出现瓦件破损，位移、滑落情况时，还得进行清垄、更补、勾抹、补漏、捉节、挟垄（乌烟灰补披扛槽、扎口），杜绝瓦件渗水现象。

1. 除草清垄

瓦屋面的除草清垄应符合下列规定：

（1）拔草应采用化学除草的方法彻底清除；

（2）瓦件掀揭、松动和裂缝时，应及时整修；

（3）应将沟中、瓦面的苔藓、积土、树草等杂物铲除，并用水冲净；

（4）应在杂草种子成熟前施工。

2. 修补屋脊

屋面与屋脊中发生泥（灰）酥裂、脱节、空鼓的：

（1）筒瓦搭接处松脱的应将脱节的部位清理干净，并冲洗，重新捉节；

（2）应把空膨、松散的灰皮铲净，留下与基层黏结牢固的部分；

（3）瓦垄、垄沟上的苔藓应清除干净，扛槽、睁眼处用麻刀灰掺乌烟灰将裂缝处及坑洼处塞实找平，再将瓦垄的扛槽用瓦刀抹一层夹垄灰，经修补后的扛槽应直顺。

3. 瓦件拆换

瓦件拆换的修补措施：

（1）抽换破损瓦件时，应保护好的瓦件不受破坏；

（2）抽换后对翻动过的瓦件，应恢复原有的瓦件规格，包括补抹挟垄灰瓦；

（3）应选用同一规格的瓦件进行抽换。

9.1.3.2 木构件的保养与修护

主要包括对大木作与小木作的保养与修护。

1. 大木作的保养与修护

大木作的保养与修护主要包括柱、梁的保养与修护。对木构件要经常检查，木是否出现白蚁踪迹，及时采用防虫防腐措施，杜绝因白蚁侵蚀而出现的糟朽现象。其日常具体修护措施主要是防虫防腐。

2. 小木作的保养与修护

小木作的保养与修护主要包括门窗等装修的保养与修护。其具体修护措施如下：

（1）古建筑小木作的修缮，经常检查门、窗等木装修，发现松动、脱落应及时修整紧固；如有门、窗局部残损，应及时按原样修补；不得随意拆除、移动、改变门窗装修。

（2）修补和添配小木作构件时，其材料、尺寸、榫卯做法和起线形式应与原构件一致，榫卯应严实且涂胶加固。

（3）小木作表面的油饰、漆层、打蜡等，若年久褪光，勘查时应仔细识别，并记入勘查记录中，作为维修设计和施工的依据。

（4）小木作中金属零件不全时，应按原式样、原材料、原数量添配，并置于原部位。为加固而新增的铁件应置于隐蔽部位。

9.1.3.3 墙体的保养与修护

墙体主要损坏形式为酥碱、下沉引起的开裂等，其日常保养与修护主要包括墙体的整体维护、裂缝修复等。

9.1.4 墙体的整体修护

（1）定期检查排水管的通畅性，以免排水管堵塞造成内部渗透，使墙体受到破坏。

（2）定期维护和检测其墙体的变化状况，及时记录墙体变化，为修缮设计提供基础依据。

（3）对于生长在墙体上的杂草、小树，首先应分析它们根系分布、深度等情况，察看墙体缝隙（或裂纹）状态，记录缝隙（或裂纹）的大小和深度，察看墙面损毁情况，完成察看工作后及时开始进行杂草、小树等的清理。

9.1.5 墙体裂缝的修护

对砌体小裂缝的修补，必须在裂缝稳定以后进行。其修补措施：

（1）对于夯土墙小裂缝的修补

修补施工时，首先用勾缝刀、刮刀等工具，将缝隙清理干净，然后用灰膏将缝隙嵌实或用灰浆灌浆处理。

（2）砖墙小裂缝的修补

对于砖墙上的小裂缝一般采用水泥砂浆压力灌浆修补。

9.1.5.1 石构件的保养与修护

石构件的日常保养与修护主要应检查石构件的位移与表层风化脱落情况，具体措施如下：

（1）当石构件发生位移时可进行及时归安。如归安阶条、归安陡板和踏跺等。石构件可原地直接归安就位的应直接归安就位，不能直接归安的可拆下来，把石构件清除干净后再归位。归位后应进行灌浆处理，最后打点勾缝。

（2）当石构件表面的灰缝风化脱落或其他原因造成头缝空虚时，石构件很容易产生移位。打点勾缝是防止石构件继续移位的有效措施。如果石构件移位不严重，可直接进行勾缝。如果石构件移位较严重，打点勾缝可在归安和灌浆加固后进行。

9.1.5.2 庭院地面的保养与修护

（1）清理庭院的杂草杂树、积土、杂物垃圾等，不得存放易燃易爆物品，距离建筑散水1米范围内不应堆积杂物，保持庭院的整洁、干净且不积水。

（2）日常应注意检查院落内外排水系统，及时清除泄水口周围杂物垃圾，疏通天沟及明暗排水沟，更换破损构件，使之经常保持通畅的排水，杜绝水沟堵塞现象。雨季前，应及时排查排水设施情况，确保排水系统通畅。发生大面积积水时，应查找原因并及时排除。

（3）检查建筑地面铺装，发现个别位移、缺失时，应及时归安、补配。经常检查泛水和散水，保持排水畅通。

9.1.6 古建筑经常性保养与修护小结

以古建筑经常性保养与修护工作的重要性入手，从其工程内容与具体措施展开分析，围绕古建筑经常性保养与修护工程内容，结合实际的修缮工程经验，根据古建筑日常出现的问题，侧重以瓦屋面、小木构件、墙体小裂缝、石构件、庭院地面等几个方面展开具体的探索，旨在通过加强古建筑经常性的科学保养与修护工作，使之在使用过程中，延缓残毁情况的扩大，延长古建筑的使用寿命。

9.2 村域环境的保护修复

9.2.1 山体生态保护和恢复

有山体的村落，对自然山体进行保育，严格控制人为活动对自然环境的影响。要求严格禁止采伐、毁林开荒和房屋建设等开发行为；可以适度开展山野游览活动以及观景平台；建议在一段时期内封山育林以恢复原始自然植被群落，并在此基础上进行适度人工干预（开辟防火带、病虫害防治、植树造林等）；规划希望以此来保护自然环境的基本要素特征和历史文化资源所依存的环境，从而强化传统村落历史空间格局的完整性、历史要素的真实性和延续性及展现其所处地域环境的自然、原生、质朴的魅力。保留原有植被并加以严格养护，所有山体环境都严禁开山取石、破坏植被、任意采伐及捕猎等行为。除必要的基础设施外，严格禁止在该区域内进行建设活动。山体上及山脚边新建远期应逐渐拆除。适当开辟视线通廊，开辟必要的制高点，作为景观通廊的一部分。

9.2.2 农田、池塘环境生态保护

农田、池塘的环境整治目的在于强化古村所处环境的基本特征，应严格控制建设活动，适当加一些景观要素，满足游览需求。以路、水为一定的边界，保持自然的田埂形态形成自由组合肌理。在田间应设置可供村民工作之余休息聊天的场所，如大树下的空地上应设置石桌、座椅等。田园生态保护区内应严格控制任何建设活动。

9.2.3 村域河道的改造利用

在保障河道沟塘使用功能的前提下，应尽量减少对自然河道沟塘的开挖和围填，避免过多的人工化，以保持水系的自然特征和风貌。提倡使用生态护坡。

应尽可能保留和利用基地内原有的天然河流地貌，河道两侧植被应以水源涵养林和防护林为主。河道绿化的横向应满足防洪排涝的要求，兼顾亲水设施需要。

植物选择应适应水陆坡度变化，适当布置浮水、沉水、浮叶植物的种植床、槽等。边坡绿化应选择不同耐淹能力的植物种类，如枫杨、落羽杉、垂柳、桑树、紫穗槐、茭白、花叶芦竹、水生美人蕉、栀子花、千屈菜、苔草、狗牙根等。形成乔木、灌木、地被等有层次的形态，体现生态价值与美学价值的结合。

9.3 村落传统格局控制和街巷空间保护

最大限度保存村落自然灵活的乡土宜人格局，保存聚落特征，体现农家风情。编制村落规划或村落整治规划，保护传统村落环境和耕地、草地、林地及水域环境，合理确定村落产业布局，划定村落建设发展边界。依山势、地势、水势营造自然和谐的村落格局，体现农村乡土地域特征与乡土风貌，打造典型农村群落。

保留村落原有街巷自然肌理格局和空间尺度，保留街道与巷弄曲折、多变的线型，街巷路面以青石板铺砌，保持村内步行交通体系。拆除主要街巷沿街牲畜棚、简易厕所等临时建筑，开辟为绿化用地和休憩活动场地，达到聚落景观环境依旧，古巷、街坊风貌依

旧。在新建筑的加建中，特别要注意控制新建筑的体量与尺度，在细节的整理与缝合中要注意维护历史界面的丰富性与连续性。

保护区域中的古树、广场、古井等节点，保持其整体景观风貌特色。

随着城镇化进程，村庄应在大路网格局下保留自身内部灵活自如格局。对重点保护的村落，村域范围内除对外交通道路外，其他街巷的路面禁止采用石板和水泥材料。已经采用其他路面材料的，应逐步改造，恢复地方特有路面铺装风貌。主要穿村公路两旁与风貌不协调建筑根据建筑功能进行相应的整治和改造措施，使与传统街巷界面协调。

合理配置和完善提升村庄的公共服务设施、基地设施，改善农村人居环境。合理有效利用闲置空间，统筹安排建设用地和村民宅基地布局，适当引导迁并散居农户传统村落。现有广场应采取相应的绿化措施，弱化其对整体风貌的影响。

9.4 既有建筑的整治与提升

应对现有建筑与构筑物进行全面调查、诊断，根据建成时间、建筑质量、结构形式、建筑风格、采光间距、防火要求等进行综合评价，确定拆除、改造和保留建筑。应尽可能保留生态特色和历史记忆。应遵循"聚落保存、老屋再生、闲置空间再利用"的原则，结合自身条件，挖掘各自特色，避免大拆大建，让农村保持一定的风貌。

9.4.1 公共建筑的整治与提升

立面整治应根据不同建筑风格、材质拟定策略，对墙面、屋顶及檐口、窗户、栏杆、空调外机等建筑构件做出相应改造。公共建筑的整治与提升应符合下列规定：

屋顶：有挑檐的平屋顶宜在檐口加包深灰色/栗壳色铝单板线脚，或视情况更改为坡度较缓的四坡顶，屋面宜采用与当地建筑风格一致的材料如灰色小青瓦。

墙面：对于墙缝材料使用较好、规整饱满、施工质量较高的建筑应保留，适时进行维护和清洗；对于年代久远、破损严重和杂乱的墙面应修缮，充分利用本地材料和本土特色加以改善，提升品质。

栏杆：应使用铝合金或铁艺栏杆，不采用锈钢栏杆和玻璃栏板；混凝土货砖砌栏板应保留，重新粉刷并依据整体建筑风格加贴仿木材质或仿青砖/仿石材贴面。

窗户：现有建筑的窗户多为木框玻璃窗、白色/银白色铝合金玻璃窗和古铜色/棕色铝合金框玻璃窗，应替换成栗壳色或深灰色铝合金框灰色透明玻璃窗。

空调外机：应尽量规整室外空调机的位置，并结合建筑立面，使用金属和木材（或利用当地材料）等材料做立面遮挡，形式可以采用百叶、网格、艺术格栅等。

其他附加构件：应拆除对建筑整体美观影响严重的构件或违章搭盖物。尺度不大的墙面、屋顶构件应进行遮挡。

9.4.2 住宅建筑的整治与提升

农村住宅建筑多为农民自建宅，主要功能为居住，部分结合小卖部及"农家乐"产业，为游客提供相应服务。建筑质量参差不齐，多为平屋顶，外立面风格多样，但大多单调、呆板，建筑整体无特色，材质较为杂乱，无明显规律，周边环境杂乱。对于不具有建筑特征的草棚应进行拆除；对于裸房应对其进行墙面和色彩的整治，使其与村庄整体感观协调。住宅建筑的整治与提升应符合下列规定：

屋顶：在条件允许的情况下，对于超过三层的住宅建筑宜进行降层处理。清理屋顶脏乱，对于破旧的砖瓦应进行维护和替换，屋面设施应排放整齐，屋顶水箱宜通过百叶窗、装饰木条等方式进行美观处理。在不影响功能的情况下，宜将平屋顶改为坡度较缓的四坡顶或两坡顶，屋面宜采用与当地建筑风格一致的材料。

墙面：对于品质较完好、风貌协调的住宅建筑应保留，并清洗及维护；对于破损严重或材质极度不协调的建筑，可视情况进行重新粉刷或喷涂墙面漆，或贴仿木材料、仿青砖、仿石材贴面。墙面色彩应与周边环境相协调，建筑单体主要色彩不宜超过三种颜色。

窗户：年代久远的多为木框玻璃窗，近现代的则为铝合金玻璃窗，但玻璃颜色多为绿色、茶色，与整体环境不统一。宜统一替换为栗壳色或古铜色铝合金框灰色透明玻璃窗，并结合百叶。对于具有浓厚地域特色的建筑，宜沿用当地传统窗扇样式。

栏杆：民宅栏杆种类繁多，主要有四种：选择铁艺或铝合金栏杆，不宜使用不锈钢栏杆；实体栏板应选择石板、混凝土，不宜使用玻璃栏板，需重新粉刷的，结合外立面做仿石涂料或贴仿木材质；石质栏杆，较为完好，应保留；应根据不同乡村的风格特点，选择体现乡土气息和村庄特性的栏杆。

檐口及其他墙面出挑构件：宜做PVC成品檐沟，或贴仿木成品板材。

晴雨棚及骑楼：应考虑拆除原有不美观的塑料晴雨篷，在门窗上设置小披檐，改善立面效果。对于二层以上挑出的连廊底部，宜加砌成为骑楼，丰富建筑造型，使之更加美观和实用。

装饰细节：应适当增加墙基/勒脚、腰线、檐口等装饰。

空调外机及其他附加构件：对建筑整体美观影响严重的构件或违章搭盖物，应拆除。

应尽量规整室外空调机的位置，并结合建筑立面，使用金属和木材等材料做立面遮挡。

大门：应综合考虑交通便利性、堪舆、采光通风、整体美观等因素，兼具观赏和使用功能，使其前有明堂财气、后有文昌官气，吉利祥和，视野宽阔，充满生气活力。

9.4.3　文化建筑的整治与提升

对始建年代久远、保存较好、具有一定建筑历史文化价值的传统民居和有特色的侨房、祠堂、庙宇、亭榭、牌坊、碑塔和古桥等公共建筑物和构筑物，应进行保护；破损的应按原貌加以整修；有安全隐患的应参考相关的工程建设标准进行整治。

应清理建筑前的广场，除去周边的杂草，有计划地种植一些景观树木，配上花卉点缀，宜适当添加水池等景观元素，打造成当地的旅游焦点，并修建连接整个乡村的道路，使当地村民和外来游客出行更方便。

9.4.4　商业建筑的整治与提升

墙面：应与村庄的整体风貌相协调。对于材料使用适当、色彩较协调的建筑应保留，并进行维护与清洗；对于破损严重的建筑应修缮；对于色彩搭配不当的建筑，应重新喷涂。

店牌店招：条件允许的村庄，宜对其进行统一设计、建设，使其在景观和色彩上符合美丽乡村的要求。

9.5　结合景观设计的历史环境要素保护

全面排查村域范围及邻近区域的历史环境要素，包括宗教建筑、牌坊、古景、古泉、古井、古桥、古树名木等，同时收集村内的非物质文化遗产。存留要素要分级别保护，景观要素结合景观设计进行改造，古树名木需要挂牌保护。

1. 文物古迹：村落内的古建筑、古驿道应建立责任制，做好定期检查和定期维护等工作，明确保护范围和保护措施，并配套做好旅游标志标识牌。具体保护实施方法需按照编制中对传统村落的保护规划进行保护。

2. 古树名木：挂牌保护，标明编号、树种、树龄，明确保护范围和保护等级。

9.6 传统村落综合景观改造

9.6.1　村庄标识与出入口

突出传统文化元素，可从村落建筑、村域环境等中间提取具有代表性的要素符号，作为村庄的标识，出入口处应采用雕塑、标识牌予以引导和明确。还可将村落要素用于省域农家乐系统的标识体系中。

9.6.2　桥、亭、廊、苑

梳理村落的特色景观要素，如风雨桥、廊桥、凉亭、小型苑囿，对传统格局进行恢复和再造，同时可在重要节点新建供游客和居民使用的公共景观节点。在村口、制高点观景台、日常活动公共空间、主要游览线路上，考虑植物配置和休息空间的设计。

9.6.3　村庄周边绿化

村旁山体应保证重山视线范围内能绿则绿，重点对宜林荒山荒地、低质低效林地、坡耕地、抛荒地进行绿化。在条件允许的情况下，宜种植有季相变化的树种。

村旁农田菜地应保护好周边的农田景观，不应随意围田造房。应通过套种、间种，提高土地复垦率，发挥最大的土地价值，尽量避免农田空置、裸露。考虑特色花卉草木的种植，可适当设计花园农田，合理组合植物的色彩，凸显"山、林、村、田"的格局特点。

村旁林地应对风水林进行保护。宜在村果园旁进行绿化美化，并将生态效益和经济效益相结合。

9.6.4　村庄内部绿化与宅间绿化

优先识别村庄内部的风水林、传统村落的特殊景观要素，公共绿地绿化应结合各村口特点布局公共绿地。公共绿地建设宜结合村口与公共中心及沿主要道路布置，充分利用村内不可建设用地、废弃地的改造。宜丰富公共绿地类型，一般村庄可均匀分布，类型宜多样。公共绿地在考虑绿化美化的同时，应兼顾其实用性，多考虑村民休闲活动设施。

应结合山边、水边、路边建设休闲步道。不应随便搬迁古树古木，不应在古树周围修建房屋、挖土、倾倒垃圾和污水等。

宅旁绿化美化应充分利用闲置地和不宜建设用地，宜以菜地为主，配植适宜的果树；围墙宜种植爬藤植物，增加绿量。

宜强化公共设施内院及周边绿化，提升公共设施的舒适性，充实人性化小品。

对有安全防护需求、景观隔离需求的市政公用设施，宜用大量植物进行景观分隔。

应拆除房前屋后临时搭盖的建筑物，对破旧建筑物和构筑物用绿植进行绿化和美化。

9.6.5 树种选择

村庄绿化树种选择应重点突出乡村地方特色，有别于城乡地区绿化，绿化树种应选用季相鲜明、乡土气息浓郁的适生作物和植物，如香樟、青梅、白兰花、芒果、无患子、福建山樱花、麻楝、桂花、蓝花楹、艳紫荆、紫薇、垂柳等。

不同分区应选择种植与气候相适应的树种。

村口、广场、河道和道路两旁应以冠大荫浓的乔木为主，景观小品中间应穿插灌木和草本植物，护坡两侧应种植耐淹植物。

9.7 传统村落基础设施改造

9.7.1 基础道路及交通设施

村庄交通性道路，包括通村公路、村庄干路、支路的设计标准轴载应为双轮组单轴100kN，路面铺装材料以水泥、沥青为主，优先选用沥青，不宜采用磨光面路缘石，宜自然过渡。通村主干道应按双车道加自行车道设置，不应照搬城乡地区道路布置标准。

村庄内综合性道路，包括村内巷路、人行步道应自然生态，宜采用乡土材料，如块石、青砖、三合土等地材资源。严禁利用水泥进行过渡硬化，一般情况下交通道路不硬化到农户门口。

村道走向应顺应地形，不宜截弯取直，村道不宜过宽，应控制在4.5米以内。

9.7.1.1 公交站点

农村公交停靠点应布置在交叉口的下游。在下游布置停靠站有困难时，将直行或右转线路的停靠站设在交叉口的上游，但应在右侧车道最大排队长度再加20米之外布设。

宽度大于3米的人行道宜设置公交车候车亭，公交站牌应设置在候车亭两侧，站牌标识面面向候车亭，垂直于行车道。

宽度小于3米的人行道不应设置公交车候车亭，宜设置杆状公交站牌，公交站牌应设置在站台停车方向的前方，站牌垂直于行车道。

公交车候车亭，宜根据当地特色制定。

公交站牌的最外边距路缘石外沿不宜小于0.4米。

9.7.1.2 交通标志标线

通村公路与村内主要道路应统一设置交通指示标牌，宜结合传统村落的特色设置。破损、残缺、废旧的交通标志牌和杆应进行清理、更新、粉刷或拆除。沥青路面应施划交通标线。

市政工程设施包括给水排水工程、电力电信工程规划。确定村落内的用水量、水源、取水设施、排水设施、用电量、供电方式、电力电信设施等。

雨水排放宜以明沟渠排水为主，沟渠宜就地取材采用砖或石头砌筑；人流量大的道路宜采用管沟。

9.7.1.3 路灯箱变

路灯宜布置在村庄道路一侧、丁字路口、十字路口等位置。应与交通设施协调，为交通标示设施提供良好的照明条件。

巷路照明设施可通过围墙壁挂路灯的简易方式，电源就近接入。

在村庄内部主干道范围内的线缆宜考虑下地、共杆，减少杆数。

灯杆应使用本土木料制作，造型应统一，款式宜简洁大方，宜结合当地特色适当美化。

路灯应采用节能灯具。有条件的村庄，宜采用太阳能路灯或风光互补路灯。

箱变设施应做到适当遮挡与隐蔽，宜进入绿化用地。

路灯管线敷设在道路两侧人行道上时，应在紧靠路缘石的0.5米范围内。

箱变设施宜采用紧凑型小型箱变，色彩宜以墨绿色为主，外框景观修饰。设施外部可设计一些标识传统村落的符号，古香古色。

9.7.1.4 管线检查

沥青路面、混凝土路面应采用球墨铸铁的检查井盖，绿化带可采用复合材料井盖。

沥青路面应采用防沉降检查井盖，混凝土路面、绿化带应采用弹簧锁闭检查井盖，铺砌人行道宜使用下沉式检查井盖。

9.7.2 环卫设施改造

厕所改造村内不应有露天粪坑和户外简易茅厕。应建设卫生公厕，宜推广水冲式卫生公厕。

9.7.3 文化设施建设

公共活动场地的面积，应符合下列规定：

1. 人口300人以下村庄，可按2平方米/人设置。
2. 人口300~1000人的村庄，可按1.5~2平方米/人设置。
3. 人口1000人以上村庄，可按1.5~2.5平方米/人设置。
4. 人口较多、村庄面积较大的，可设置两处及以上的公共活动场所。

活动场地应根据需要，设置文化活动中心、农村礼堂、农家书屋（图书室）、科普园地、读报栏、村广播室等。宜结合本土果树建设活动中心。

9.8 建设过程中的技术应用

9.8.1 保护修复

首先，按照文物保护和历史街区保护的办法对地区展开保护与整治措施，包括修缮、维修改善、局部保留、更新四类。

修缮：沿线的文物保护单位、保护建筑、历史建筑本体进行严格保护和保护性修缮。对于具备条件的，现有使用功能应进行腾退，恢复为一定的公共场所，提高其使用效益。

局部保留：部分居民自建的多层现代建筑，其体量与风貌与古街风貌冲突较大，但在近期进行完全拆除难度较大，宜进行立面改造，包括适当降层。在立面改造过程中，应尽量采用与传统风貌协调的材料，消减原有建筑的尺度与体量，减少冲突。

更新：对部分文物保护单位、保护建筑、历史建筑临近范围内质量很差、严重影响风貌的现代建筑应予以拆除，在古街上重新展露出文物，保护建筑的老墙体，形成丰富的文化景观。

9.8.1.1 民宅类

民宅即为鼓岭地区农民自建宅，主要功能有居住，部分结合"农家乐"产业，为游客提供相应服务。屋顶多为平屋面和斜檐口，立面风格多样，材质较为杂乱，无明显规律。

石砌墙面利用地域材料，与周边环境相协调，体现当地建筑质朴风格。保留，对之清洗及维护。面砖、涂料、毛坯外墙面结合原建筑形体及材质做仿石涂料或灰色手工砖结合木构件，提升品质。

屋顶及檐口分平屋顶和斜屋顶区别对待。平屋顶（含后期搭盖的钢构彩钢板屋顶）拆除违章搭盖，更改为与当地环境相协调且坡度较缓的四坡顶，屋面为暗褐色玻纤瓦，注意屋顶水箱及太阳能热水器的遮挡。做深色PVC成品檐沟，或贴仿木成品板材、金属材料。檐口更改为坡度较缓的四坡顶，屋面为暗褐色玻纤瓦。

门和窗提取古典要素进行改造，木框及银白色铝合金框玻璃门窗或铁门，更换古铜色或蓝灰色铝合金框灰色透明玻璃门窗。古铜色铝合金框茶色玻璃窗，予以保留。

栏杆：铁艺或不锈钢栏杆，现状锈蚀严重，建议更换为石质花瓶栏杆或仿木栏杆。实体栏板，建议重新粉刷，结合外立面做仿石涂料或贴仿木材质。具有地方特色的花瓶栏杆及成品预制砼构件栏杆，予以保留。

9.8.1.2 公建类

主要功能为省市部分单位培训中心及度假酒店等，如移动培训中心、种子公司、福州市财政局干部教育中心、华盈避暑山庄等。建筑集中于柳杉王公园周边。由于修建时间不同，立面风格、材质均有较大差异。

立面整治根据不同建筑风格、材质拟定策略，对墙面、屋顶、窗户、栏杆、檐口、空调外机等建筑构件做出相应改造。

墙面砌筑利用地域材料，与周边环境相协调。与普通民宅石墙对比较光滑，墙缝规整饱满，施工质量较高。面砖墙面由于修建年代较远，面砖破损严重且杂乱，与周边环境不协调，需修缮后对墙面做仿石涂料或干挂石材结合木构件，提升品质。涂料外墙由于鼓岭地区较为潮湿，温差大，普通涂料损坏较为严重且与周边不协调，建议做仿石涂料结合木构件，提升品质。

公共建筑的窗户按照材料采取差异化的改造措施，木框玻璃窗，年代较为久远，损坏较为严重，需更换。古铜色铝合金框茶色玻璃外窗，现有保存较好，且与石墙面较协调，予以保留；银白色铝合金框玻璃窗，为后期装修新安装，较为完整，但色彩过亮与周边不统一，建议更换古铜色铝合金框灰色透明玻璃窗。

另外，铁艺或不锈钢栏杆，现状锈蚀严重，更换为玻璃栏板或者重新安装铁艺栏杆；实体栏板，为混凝土栏板涂料（面砖）面层两类，前者保留，重新粉刷仿石漆或贴仿木材质。

空调房在隐蔽立面，放在景观立面的结合建筑立面使用传统材料做遮挡。

9.8.2 功能设计

宜夏老街的总体功能定位为中西文化共融的特色商业街，体现与弘扬当地历史特色、文化底蕴与西洋建筑特色与休闲文化的集中展示窗口；另一方面，应积极提升公共设施层次，形成接待、休闲、娱乐功能完备的生活场所，并与传统文化商业相配合，形成福州鼓岭具有独特吸引力的旅游城乡地区名片。

西洋文化：主要重现当年万国公益社作为西洋人交际、舞会和基督教聚会的场所。

运动休闲设施：为游泳、网球运动提供场所，为前来鼓岭旅游度假避暑提供休闲运动场所。

商业形态：主要业态规划考虑为商业零售、咖啡、酒吧、休闲书屋、摄影服务、商业金融、住宿旅馆等为游客服务的商业。

9.8.3 设计改造

9.8.3.1 节点改造

华福别墅体量巨大，占据老街中心台地，建筑风格与老街历史建筑格格不入，严重破坏老街的尺度、风格与景观，且建筑临街外墙损坏，贴砖等外墙饰面材料松动脱落，危及游人安全。予以整体拆除，原址复建3栋两层小体量老别墅风格建筑。

对年久失修的木结构建筑，进行整体下架整治措施，保留较好的原材料，其他主要材料在当地相同风格采购回来修复，立面符号元素、细部、色彩等各方面与既有的建筑要协调呼应，延续传统商业街道的氛围与肌理，并能反映老街的自然演进过程。

老邮局大部分已毁，仅剩中间段的木构部分，质量差，旧址两侧已建起两栋三层砖混建筑。结合遗址及老照片对其进行遗址恢复，结构参照其原始结构，石木结构，体现历史原真性原则。

原游泳池修旧如旧，恢复其功能，旁边建一层小体量石构更衣室（含公共厕所）。

9.8.3.2 景观与绿地设计

完善主要道路的景观绿化，构建"两带多点多廊的结构"。沿鼓宜公路两侧、古街两侧增加绿化带，沿着主要商业街，结合建筑空间布局形成的多个绿化节点。结合周边自然生态山体，通过在本区的开放空间设计绿色通廊。

9.8.4 要素控制

9.8.4.1 树种选择

选择本地适用的植被种类，包括附近的山樱花、金桂、丹桂、秋枫、白玉兰、朴树、银杏、柿树、海棠。

9.8.4.2 通信设施

1. 设备用房：仅在区内预留通信和有线电视的设备用房，要求各设备用房的建设以不破坏所在建筑格局为要。

2. 设备箱：各通信系统要求设在室外的设备箱，应放在不显眼的位置，且要对其外壳进行适当的装饰，使之与古街的风貌相协调。

3. 电话亭：公用电话作为区内不可或缺的通信设施，电话亭的外观要求古朴、典雅。

4. 通信人/手孔井：通信人/手孔井要求采用与路面材质相一致的井盖，且可以结合景观设计把"宜夏老街"的人文志事等刻在井盖上，起到演绎和掩饰的双重效果。

5. 室内通信系统的建设与改造

①修缮性、维修改善性建筑都采用传统施工工艺建造的，建筑构造多采用木结构、灰泥墙。对此类建筑通信设备改造如下：电话分线箱、电视放大箱明装或暗装（建筑条件许可时）在各庭院入口处的山墙上。通信末端设备：接线端口尽量设于新建墙体。话缆、光缆、视频电缆穿阻燃塑料管或线槽（氧指数＞32）明敷设，敷设线路要求整齐，并尽可能隐蔽在梁柱后，且要求所穿阻燃塑料管或线槽外漆上一层与梁柱颜色相接近的防火漆。

②改造整修建筑和更新建筑都是与历史风貌相冲突的建筑，没有太大历史意义和历史价值，此类建筑的建设原则是通过改造、更新使之融入老街的氛围，对其建筑的通信系统要求采用现代施工工艺施工。此类建筑通信设备改造或新建如下：电话分线箱、电视放大箱嵌入安装在各庭院入户处的山墙内；通信末端设备：接线端口嵌入墙体安装，话缆、光缆和视频电缆穿阻燃塑料管或钢管暗敷设。

9.8.4.3 排水设施

1. 街巷雨水口

区内老街规划采用石材路面，有较好的自然渗水性，可起辅助排水作用，而路面设置雨水口则是对街巷排水能力的加强。街巷内不设路沿石，在路面低洼处设置平箅式雨水口；由于路面杂物较多，雨水口要有沉砂作用，且易于清掏；雨水口采用与路面统一材质、格调的石材，在考虑采用仿古风格的同时，还要便于加工、维护，过水孔可采用方格形、圆孔形、网格形及其各种组合形式。

根据道路的宽度、路面材料、雨水管是否设置等不同类别，分别采用以下不同的雨水收集方式：

①较窄的街巷不设雨水管，雨水沿道路顺坡排放。

②稍宽的街巷设有雨水管，雨水通过单侧雨水口收集。

2. 庭院雨水口

区内大多数庭院内设有自渗排水系统，可在庭院内增设雨水口，加强室内排水功能；

当自渗排水系统损坏或不能满足排水强度时，可通过雨水口排放。庭院内雨水口有侧进式和平进式两种型式，根据庭院的具体情况确定：一般庭院中天井标高较低，可采用侧进式；而后花园标高较高，则采用平进式。

9.8.4.4 消防设施

1. 消火栓

室外消火栓的布置应满足间距≤120米，保护半径≤150米的消防规范要求，且宜布置在交叉路口附近，确保两股消火栓水枪充实水柱能同时达到区内任何部位。

全面配设消火栓来满足扑灭火灾的需要，消防时主要通过室外消火栓取水，为保持区内历史风貌，宜采用地下式室外消火栓，消火栓的布置应因地制宜、见缝插针，可设在区内较宽的路段或规划可拆建筑物附近。

2. 消防通道

确保消防通道畅通无阻，解决好车辆通行和停车问题，考虑到消防车不能进入小街巷，可采用消防摩托车和手提式消防泵等小型消防设备，区内建设控制地带每个建筑单体应配置简易的消防设备。

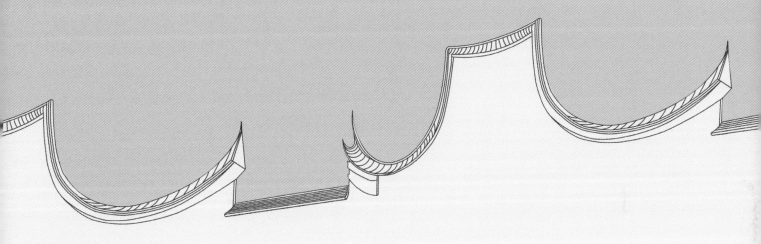

第 10 章

宜夏村基础设施改造综合提升方案

10

宜夏村基础设施改造综合提升结合了相关规划设计资料，针对给水工程、污水工程、雨水工程的规划与实施做了介绍，并对各类基础设施如电力、通信与消防等设施，给出了基本的规划方案与实施思路。下面分类阐述。

10.1 给水工程规划

测量水量：最高日给水量400.0m³/d，规划水源为水库水，引自周边高位水池。

管材敷设：由于给水管道覆土较浅，管位较小，给水管材建议采用抗冲击和抗挤压性能好、施工容易、维护简单的HDPE管。

10.2 污水工程规划

10.2.1 概况

测量水量：最高日污水量360.0m³/d。

污水处理：本规划区污水应充分利用现有化粪池等污水处理设施，预处理后排放柯坪水库下游。新建建筑应就近建设化粪池处理污水。

化粪池宜尽量集中设置，以利于统一管理维护。对于比较偏远的建筑，可单独设施化粪池处理，并排入污水干管。

在主干管污水排入柯坪水库下游之前的最末端，建议统一设置无动力或微动力埋地式污水处理设施，深度处理生活污水后排入周边水体。

管道敷设：由于规划区地势高差较大，污水管可浅埋敷设，充分利用高差收水。管材可选用HDPE管，管径D200~D300（图10-2-1）。

图10-2-1 鼓岭宜夏村水处理规划图例

（图片来源：福州市规划设计研究院资料）

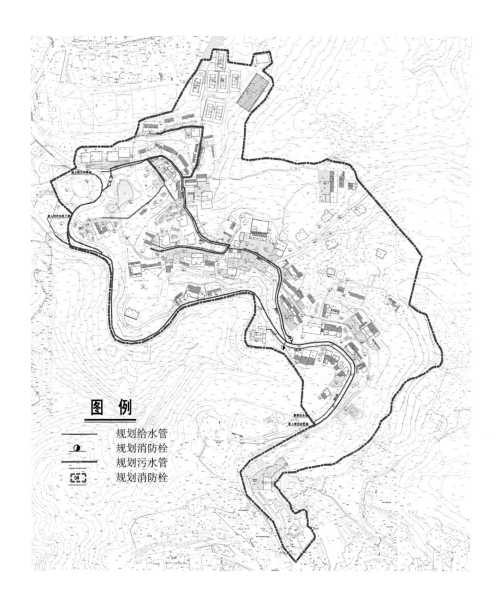

图 例

—— 规划给水管
◐ 规划消防栓
—— 规划污水管
▣ 规划消防栓

10.2.2 现状情况调查

10.2.2.1 人口及用地现状

（1）人口现状

宜厦村建成区内人口约1600人，其中常住人口900人，外来暂住人口（含各类山庄、招待所服务人员及机关服务人员）700人。

（2）用地现状

鼓岭是著名的避暑胜地，1886年由外国人建造了第一座别墅，后陆续营建，到民国期间别墅发展到360多座，还修建了网球场、游泳池等配套设施。1999年以来开发了鼓岭登山古道、柱里景区、牛头寨景区、南洋景区等四个景区，2003年登山古道年游客量5万人，日高峰量1000人；牛头寨景区3万人，日高峰量300人；

柱里景区10万人，日高峰量500人；南洋景区2万人，日高峰量100人，形成了以避暑为主、登山健身为辅的旅游格局。现有的鼓岭避暑山庄已拥有40家山庄、招待所，3000个床位。规划在现有基础上使鼓岭从单一避暑功能向观光、休闲等多功能发展，将鼓岭建成功能齐全、设施完善、优雅舒适的度假、休闲、避暑区。

10.2.2.2 污水排放现状

现状无城乡地区污水处理厂，污水经各小区内设置的化粪池处理后就近排入附近雨水管渠。

10.2.2.3 供水现状

宜夏村供水水源取自柯坪水库，设地面水厂一座，设计规模1000吨/日，实际运行规模为800吨/日，主要供鼓岭乡政府机关及目前已建的度假区的生活用水，其余采用自备水源供水。

10.2.2.4 水功能区域的划分

除柯坪水库为饮用水源外，其余水体主要用于农业用水及一般景观要求水域。

10.2.2.5 现状污水管建设情况

（1）污水管建设情况

过仑村及南洋村还未系统开发，无现状雨污水管系统，现状排水通过明沟或暗沟排放。

宜夏村分为柳杉王公园区域、古街区域及国贸区域三个区域进行介绍。

（2）现状已设计污水管网情况

柳杉王公园区域现状部分区域埋设有DN300污水管道，古街区域已设计部分污水管道（图10-2-2、图10-2-3）。

10.2.3 污水系统规划

10.2.3.1 排水体制

合理选择排水体制是排水系统规划一个十分重要的问题。它关系到整个排水系统是否实用，能否满足环境保护的要求，同时影响排水工程的总投资、初期投资和经营费用。目前城乡地区中常用的排水体制有分流制、合流制、截流式合流制等。

由于鼓山地处山区，雨季时降水量充沛，晴天仍有较大的山泉水，采用合流制排水体制对管网系统冲击很大，不推荐作为本区域排水体制。

（1）规划基础资料

①污水量的测算为管径计算提供依据

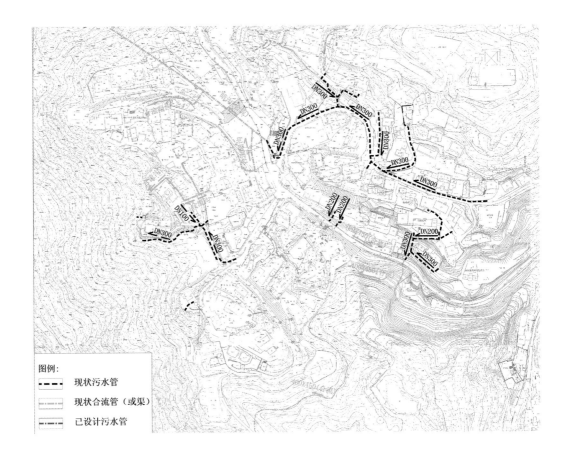

图例：
- ━ ■ ━ 现状污水管
- ━━━ 现状合流管（或渠）
- ━ ═ ━ 已设计污水管

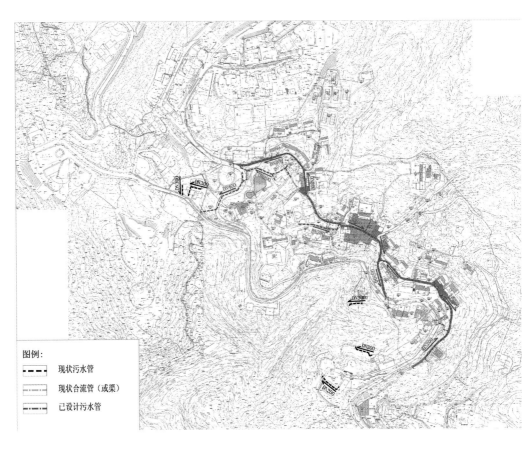

图例：
- ━ ■ ━ 现状污水管
- ━━━ 现状合流管（或渠）
- ━ ═ ━ 已设计污水管

②现状污水管线资料

③污水厂选址位置

④规划及现状用地情况

⑤规划及现状竖向标高

⑥规划河网

（2）污水干管系统方案论证

南洋村与过仑村及宜夏村距离较远，宜单独建设污水处理厂进行处理，目前还未进行系统性开发，可在开发时可随建设进度建设污水处理厂。过仑村目前还未进行系统性开发，本规划主要考虑宜夏村污水干管系统，同时预留过仑村污水排放接口。

现状仅有县道X192横穿该区域，县道宽度为8米，其余道路宽度均为1.5~4米不等的乡间小道。

根据地形分析，道路以柳杉王公园为界，东西两侧盘山向下连接至市区。区域地块标高分析，县道以北区域除新建的国贸别墅地块（蓝色区域）外其余地块标高均高于县道（绿色区域），南侧大部分地块低于县道（绿色区域）（图10-2-4）。

方案一：沿县道统一埋设污水管道，污水收集后继续沿县道埋设污水重力管道管道（约9千米）输送三环路污水干管，最终输送至洋里污水处理厂进行处理。管道可浅埋在道路硬路肩（图10-2-5、图10-2-6）。

方案二：污水统一收集后就地设置污水处理厂，污水处理达标后排放（图10-2-7）。

方案三：污水根据地形分散收集后就地分散设置污水处理厂，污水处理达标后排放。

以下从三个方案的优缺点进行比较（表10-2-1）：

通过上述比较，鼓岭地形复杂，灵活分散布置污水处理设施，施工容易，因此推荐方案三。

（3）污水管网系统规划

南洋村与过仑村目前还未进行系统性开发，用地及道路系统未形成，目前不做内部管线规划，随地块开发时，上位规划形成后再进行。

本规划根据推荐的方案三进行管网系统规划。

1）柳杉王公园区域污水管网规划

柳杉工公园区域污水规划详见图10-2-8所示，各分散处理设置服务范围详见表10-2-2所示。

4	5
6	7

图10-2-4　宜夏村区域地块标高分析图

（图片来源：福州市规划设计研究院资料）

图10-2-5　方案一规划图

（图片来源：福州市规划设计研究院资料）

图10-2-6　市区上鼓岭现状道路

（图片来源：福州市规划设计研究院资料）

图10-2-7　方案二规划图

（图片来源：福州市规划设计研究院资料）

三方案优缺点比较表

表10-2-1

项目	优点	缺点
方案一	重力流系统，安全可靠，运行维护方便； 远期过仓村污水可利用该干管排放； 排入洋里污水处理厂，无尾水排放及污泥处理问题	需要破路修复 一次性投资较大（建安费约2000万元）
方案二	集中处理运行管理方便	需要运行维护及管理费用； 污水处理厂产生的臭味影响周边环境； 尾水及污泥处置困难； 需要比较大面积的征地； 水量变化大，需要建设调节池； 一次性投资较大（建安费约2500万元）
方案三	就地收集处理后排放，管道埋设施工容易，造价较低； 可因地制宜，建设灵活	分散处理，运行维护困难

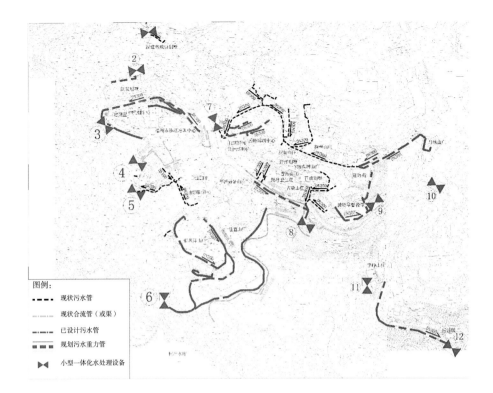

图10-2-8 柳杉王公园区域污水
规划图

（图片来源：福州市规划设计
研究院资料）

图例：

┅┅┅ 现状污水管

━·━·━ 现状合流管（或渠）

━·━·━ 已设计污水管

━━━━ 规划污水重力管

▶◀ 小型一体化水处理设备

柳杉王公园污水处理设施服务范围表   表10-2-2

污水处理设置编号	处理范围
1	福建省政协别墅
2	闽发别墅
3	省三建别墅、省老干部服务中心
4	福州市移动培训中心及附近民房
5	二化集团别墅、晋安国税培训中心等
6	新凤洋山庄、佳宜山庄、华盈避暑山庄等
7	月池山庄、抱翠山庄、岳峰培训中心、市财政局教育中心、市财会干部培训中心等
8	观景山庄、洋洋别墅、两棵树山庄、石鼓别墅、晋房山庄、古梁山庄、鼓岭卫生院等
9	鼓岭基督教堂、冠海苑
10	民房一户
11	宇峥山庄
12	后浦楼附近民房

图10-2-9　古街区域污水规划图
（图片来源：福州市规划设计
研究院资料）

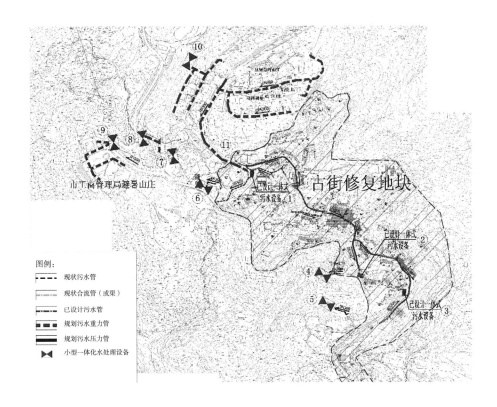

2）古街区域污水管网规划

古街区域污水收集系统详图如图10-2-9所示各分散处理设置服务范围详见表10-2-3。

3）国贸区域污水管网规划

该地块为新建地块，根据地块规划，污水收集后在地块内自行设置污水处理站（图10-2-9、图10-2-10）。

古街区域污水处理设施服务范围表
表10-2-3

水处理设置编号	处理范围	备注
1~3	古街保护修复区	已设计污水处理设置
4	竹林山庄	
5~8	就近民房	
9	市工商管理局避暑山庄	
10	就近民房	
11	康居鼓岭山庄、旭日山庄、锦绣山庄、茂祥别墅	排入古街保护修复区已设计污水管网

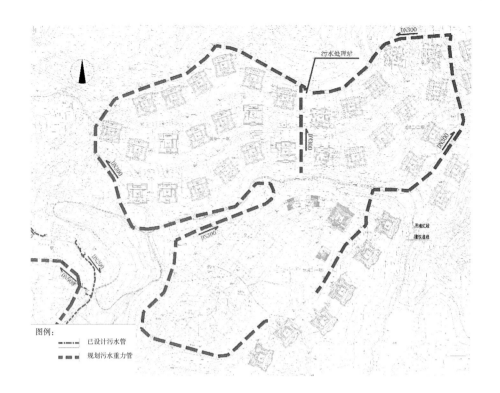

图10-2-10 **国贸区域污水规划图**
（图片来源：福州市规划设计
研究院测绘资料）

（4）污水管管材的选择

目前污水管管材可选用混凝土管、UPVC双壁波纹管、玻璃钢增强塑料夹砂管等。其优缺点比较如下：

1）管道常规性能和综合造价比较（表10-2-4）

2）管道施工难易和使用效果比较

常规污水混凝土管道每节长度只有2米，管道的接口多，接口采用石棉水泥半柔半刚性的形式。在有地下水的情况下，施工难度很大，即使没有地下水干扰，要达到施工的质量标准，也不容易。从国内各地多年的使用效果看，混凝土管的渗漏率非常高，这大都是由于管道不均匀沉降引起接口开裂、松动造成的。此外早年建设的混凝土污水管道结垢、堵塞现象也很严重。UPCV双壁波纹管和HDPE管每节长度为6米，采用柔性接口，强度高，抗不均匀沉降能力强，且接口联结方法方便，可靠，施工方便，抗渗漏效果好。由于内壁光滑，不易结垢，可减少清通的工程量，因此从施工难易和使用效果方面比较，UPVC双壁波纹管、HDPE管优于混凝土管。

综上所述，对于管径小于d500的污水支管，由于常规管道埋深较浅且上述三种管道综合造价相差不大，建议使用UPVC双壁波纹管，以减少支管埋深，加快施工进度，减少对环境、交通等各方面的不良影响。对于埋设深度大、管径大的污水干管，建议采用HDPE管。顶管施工时，建议采用钢筋混凝土管。

比较项目＼管材	混凝土管	UPVC双壁波纹管	HDPE管
管道性质	刚性管	柔性管	柔性管
管道粗糙系数	0.013	0.009	0.009
d300管最小坡度	0.003	0.002	0.002
管道适合埋深	＜12米	＜4米	＜6米
结构、理化性能	刚性好、不易变形，不均匀沉降性能差、不耐冲击、受压易破损、漏水，易堵塞、不耐腐蚀、耐寒性差	柔性好、易变形，均匀沉降性能好、耐冲击、不易漏水，不易堵塞、耐腐蚀、耐磨、耐寒性好，接头少	柔性较好、变形量较小，均匀沉降性能好、耐冲击、不易漏水，不易堵塞、耐腐蚀、耐磨、耐寒性好接头少
软土地基管基类型	混凝土基础	沙砾基础	沙砾基础
施工难易程度	重、搬运、施工难	轻、搬运、施工容易	轻、搬运、施工容易
适合的施工范围	大管径、顶管	小管径、开挖	所有管径、开挖
综合造价	小管相当、大管低	小管相当	小管相当、大管高

10.2.3.2 污水厂选址和污染物排放规划

（1）污水厂及尾水排放布局的原则

污水处理厂的作用是对生产或生活污水进行处理，达到规划的排放标准，以保护环境。这是城乡地区污水处理最有效的方式，国内外几十年的经验证明了这一点。

污水处理厂及排出口的选址涉及对排放水域的水质影响，尤其是污水厂事故运行时污水超越排放，会使其排放水域的水质出现较大的问题，从规划角度出发，考虑以下几个原则。

①污水厂应设在城乡地区地势较低处，便于污水汇流入厂内，减少提升泵站的设置，减少尾水排放管道的埋设长度。

②污水厂的处理方法与其排放水体的水环境容量和排放浓度标准及排放总量标准有关，应尽量利用排放水体的水环境容量，减少污水二级处理的费用。

③污水厂尾水排放口的布置对排放水体中的敏感点水域产生的影响应减到最小，新店新区的污水位于福州上游，尾水排入晋安河，要减少尾水排放特别是事故排放对福州城区内河水质的影响。

④污水处理厂用地的水文地质条件须能满足构筑物的要求，地形宜有一定的坡度，有利于污水污泥自流，同时靠近水体的污水厂的厂址标高一般应在20年一遇的洪水位以上，不受洪水威胁。

⑤污水处理厂应设在城乡地区常年最多风向的下风地带，并与城乡地区居住边缘保持

一定的卫生防护地带。应考虑双电源供电。

⑥选择处理厂厂址时，还需为城乡地区发展和污水厂本身发展留有足够的备用地。

在上述原则中，第2点和第3点是最重要的，对污水厂布置起决定性作用。

（2）尾水排放

污水厂出水执行《城镇污水处理厂污染物排放标准》（GB18918-2002）中的规定，处理后的尾水根据国家标准《农用灌溉水质标准》（GB5084）可以用于农田灌溉，也可作为一般景观用水补充水源。在水资源日趋紧张的今天，经污水厂处理达标后的尾水已成为十分宝贵且较易获得的一种水资源，在水环境容量允许的前提下，可直接就近排入内河作为该水域的补充水源，但此方案需通过相关环境影响评价后方可确定。

（3）污水厂尾水的再生利用

污水再生利用根据不同的使用用途，应满足以下规范：

《城市污水再生利用城乡地区杂用水水质》GB/T18920-2002；

《城市污水再生利用景观环境用水水质》GB/T18921-2002；

《城市污水再生利用工业用水水质》GB/T19923-2005。

若用于农业灌溉时，应满足《农田灌溉水质标准》（GB5084）。

排放标准各指标比较表   表10-2-5

	COD	BOD	SS	总N	NH4	总P
一级A排放标准（mg/L）	50	10	10	15	5（8）	0.5
一级B排放标准（mg/L）	60	20	52	20	8（15）	1
农用灌溉水质标准（mg/L）	100	40	—	—	—	—
景观水体用水（mg/L）	—	6	10	15	5	0.5

根据以上表格分析，一级A排放标准除BOD外基本满足尾水回用景观水体的要求。对于用于农用灌溉，排放指标已经优于农用灌溉。本规划建议尾水用于农用灌溉，执行标准按标准（GB18918-2002）中的一级B标准排放。若尾水用于景观水体，应执行（GB18918-2002）中的一级A标准排放，并对指标不能满足部分进行深度处理。

（4）污泥处置

①国内外污泥处置情况分析

污水处理厂产生的城乡地区污泥含水率高达80%，易腐烂，有恶臭，并含有寄生虫卵与病原微生物和重金属等有害物质。如不加以妥善处理，任意排放，将对环境产生严重的二次污染。根据国内外经验，可采用的方法有高效脱水、填埋、生物干化、石灰稳定、热干化、焚烧、肥料和建材应用等。在技术、经验、资金允许的情况下，提倡多样化的处置方式处置污泥，解决污泥的出路问题，力求达到污泥的减量化、稳定化、无害化、资源化的要求，防止对环境带来二次污染。

②污泥处置规划

根据《城镇污水处理厂污染物排放标准》（GB18918-2002）规定，城镇污水处理厂的污泥应进行污泥脱水处理，脱水后污泥含水率应小于80%。拟采用浓缩后机械脱水的工艺。

污泥的最终处置将纳入福州市污泥处置系统，统一处理。并积极发展稳定化、无害化的持续污泥处置工艺。

10.2.4 污水处理工艺部分

10.2.4.1 进出水质标准

（1）设计进出水质

本地区涉及的污水均为化粪池出水和生活污水，属于典型的生活污水水质，确定本案污水进水水质指标（预设值）：PH6.5-9、COD<350mg/L、BOD_5<200mg/L、NH_3-N<30mg/L、TP<5.0mg/L、SS≤200。

（2）污水处理站设计排放标准

本案设计排放标准参照《城镇污水处理厂污染物排放标准》（GB18918-2002）一级B标准执行，主要出水指标出水标准：PH6.5～8.5、COD_{cr}≤60mg/L、BOD_5≤20mg/L、NH_4-N≤8mg/L、TP≤1mg/L、SS≤20，尾水用于农田灌溉。

（3）一体化化粪池设计排放标准

经该化粪池处理后的出水可以达到《城镇污水处理厂污染物排放标准》（GB18918-2002）二级标准。污水经化粪池处理后排入污水处理站后达标排放。

10.2.4.2 水处理站设计参数与布置图

（1）污水处理设施设计规模（表10-2-6）

宜夏村分散式和污水处理站设施设计工程量表　　　　　表10-2-6

名称	污水处理设施类型（个）				总设计量（m^3/d）
	一体化化粪池（3户型）	一体化化粪池（6户型）	一体化化粪池（9户型）	污水处理站	
宜夏村	根据需要	根据需要	根据需要	规划位置	1700（高峰期）800（淡季）

注：鼓岭景区：因为鼓岭景区当按规划发展至2020年时，也仅仅是在旅游旺季才可能达到1800m³/d污水的产生量，对此可根据现实情况按步骤进行设计建设，并依据其特殊性只需建有足够大的蓄水池即可应付游客高峰期的污水排放量。

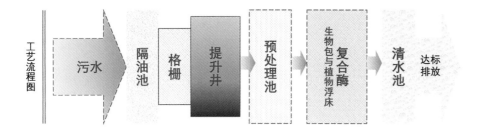

（2）污水处理站工艺布置图

（3）复合酶生物处理一体化化粪池布置图

设计制造的聚乙烯化粪池规格型号有（表10-2-7）：

聚乙烯化粪池规格型号表　　　　　　　表10-2-7

规格型号	总体积（T）	池体总长（mm）	池体总宽（mm）	池体总高（mm）
RST-2（3户）	2	1500	1500	1760
RST-3（6户）	3	2290	1480	1650
RST-5（9户）	5	2885	1840	1860

（4）污水处理剩余污泥问题

采用"复合酶生物促进剂-地埋式组合型生物包"专利技术对旅游风景区零散生活污水进行处理，不但有效地解决了分散无序排放污水的处理问题，而且使得整个污水处理系统能长期稳定高效运行，同时该污水处理专利技术是在传统的污水生化处理基础上，对膜生物接触处理法进行了技术创新，通过复合酶生物促进技术激活和促进土著微生物的生长使其形成系统自然架构来完善其水体的生物链。由此，经过实际污水处理工程的长期运行证实基本无剩余污泥产生。

（5）处理排放水的利用

经"复合酶生物促进剂-地埋式组合型生物包"处理后的排放水达到《城镇污水处理厂污染物排放标准》（GB18918-2002）一级B标准执行。

可直接用于周围农田和林木的灌溉。

10.2.4.3　污水处理站建设费用

该建设投资费用是按宜夏村发展至2020年时的污水处理站总体规模计算（表10-2-8、表10-2-9、图10-2-11、图10-2-12）。

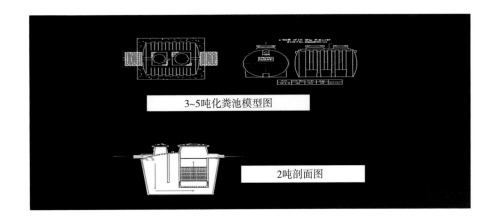

3~5吨化粪池模型图

2吨剖面图

10.2.5　排水工程措施

10.2.5.1　倒虹管及事故排放口

污水管道一般均埋设在城乡地区道路下面，便于道路同步施工及以后的维护管理，所以污水管道不需要另外拆迁征地，但是倒虹管、事故排放口尾水排放管要另外加以考虑。一般来说，在道路桥梁位置的一侧应留出10米宽左右的位置用以埋设倒虹管，并设事故排放口。

10.2.5.2　排水工程实施中采取的一些措施

泵站主要采用沉井法施工，排污泵的选型要与泵房结构相协调，考虑一定的污水量变化范围。要考虑事故排放口，又要防止外水倒灌，应注意排放口标高及防倒灌措施的选定。并建议泵房土建一次建设到位，设备安装分期实施。

污水处理站费用表　　　　　　　　　　　　　　　　　　表10-2-8

名称	污水量（m³/d）	建设费（万元）	备注
鼓岭景区	1700	2000（总）	分散建设，根据污水处理站服务范围确定设备个数及规格

一体化化粪池建设费用表　　　　　　　　　　　　　　　　表10-2-9

产品名称	规格型号	总体积（T）	池体总长（mm）	池体总宽（mm）	池体总高（mm）	售价（元/套）
复合酶生物处理一体化化粪池	RST-2（3户）	2	1500	1500	1760	5720
	RST-3（6户）	3	2290	1480	1650	10470
	RST-5（9户）	5	2885	1840	1860	27000

中大管径污水管根据施工方式不同，可采用不同的管材。对于开挖施工，可采用HDPE缠绕管、玻璃纤维增强塑料夹砂管等新型管材，柔性接口；对于顶管施工，采用钢筋砼管，柔性接口。对于在现状路上增设污水干管，通常采用顶管或拉管，视具体情况而定。因此，为了满足顶管或拉管的地质要求，道路施工应尽量不采用抛石处理地基，避免以后管道施工困难。小管径污水管可采用混凝土管或UPVC双壁波纹管，柔性接口。

10.2.5.3 抗震措施

1. 场地基本烈度

根据国家地震局、建设部联合签发的"关于发布的《中国地震烈度区划图（2001）》"，场地地震峰值加速度为0.05g，"安凯、官坂、长龙、潘渡、筱埕"等地的特征周期是0.40s，各建筑物设计应按上述标准设防。

2. 抗震措施

①加强污水管道系统的连通，增加管网运行的可靠性，地震会对其某些干管造成巨大影响，如果将系统加以连通，其他干管仍能起到输送污水的作用。

②污水管网系统中紧急出口的设置。规划在污水管道过河处或污水泵站中均应设有紧急出口，它们一方面起到了停电或事故时污水临时出口的作用，另一方面对抗震也有较大的意义，若污水厂受到地震的破坏，紧急出口解决了污水出路，使污水不至于漫溢。

③排水构筑物的抗震措施

排水泵站和污水处理厂等构筑物的设计均按照地震峰值加速度为0.1g，特征周期0.35s设防，污水管道施工考虑一定的柔性接口，提高抗震性能。

10.3 雨水工程规划及实施

1. 采用福州暴雨强度公式：

$$q = \frac{2136.312\,(1+0.700LgTe)}{(t+7.576)^{0.711}}$$

暴雨重现期：TE=1年

2. 雨水排放：由于地形极为复杂，高程参差不齐，本规划区雨水因地制宜采用边沟、路面漫流等形式直排周边水体。

图10-2-13 **宜夏村街道暗沟**
　（图片来源：福州市规划设计
　研究院资料）

图10-2-14 **宜夏村街道明渠**
　（图片来源：福州市规划设计
　研究院资料）

远期雨水边沟宜根据景观需求采用美化措施，借鉴三坊七巷排水经验，达到功能实用与造型美观的完美结合。

3. 防洪排涝：规划区地处地势最高处，基本不受洪涝灾害的影响（图10-2-13、图10-2-14）。

10.4 电力电信工程规划及实施

10.4.1 规划原则

1. 由于区内除一些保护建筑外，大多是个人住宅，没有可设置独立式变配电房的空间，规划在区内设箱式变压器供电。

2. 由于区内道路狭窄，要求变压器小容量、多设点，以减少变压器的馈电线路，从而使区内的电力管道数相应减少，尽可能少占用地下空间。

3. 在区内设两个箱式变压器，其中一个带环网柜，10kV电源由规划区西北面引入1号箱式变，再由环网柜引出到2号箱式变。

图10-2-15 **宜夏村电缆布置图**
（图片来源：福州市规划设计
研究院资料）

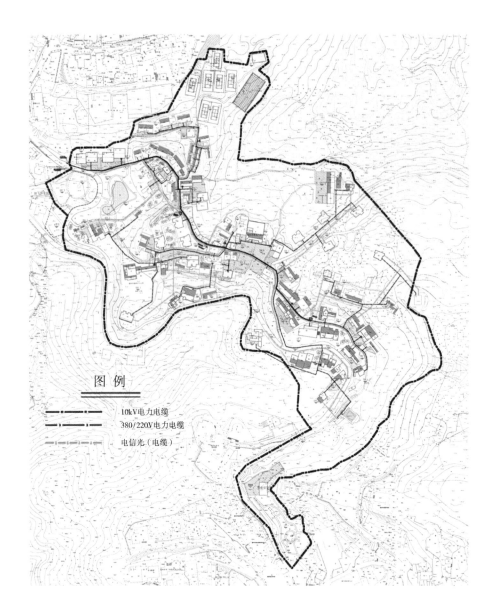

图 例

———————— 10kV电力电缆

———————— 380/220V电力电缆

—·—·—·—·— 电信光（电缆）

4．区内设一个电信光缆交接箱，一个广电设备箱，电信和广电设备箱应设在不显眼的位置，且要对其外壳进行适当的装饰，使之与周围的环境相协调。

5．限制进入区内的通信运营商数量，规定只允许电信网和广电网进入本区，以减少通信管网数量，节约地下管线空间（图10-2-15）。

10.4.2 电力设施

1．街巷照明

老街由于路面较窄，路灯电源和线路可采用以下两种方式：

对庭院立面连续的街巷，路灯电源可集中就近引自设在街巷内的变配电房或埋地变的总配电箱。路灯线路可沿墙明线或套塑料管敷设。

对庭院立面断断续续的街巷，每盏路灯电源可由每个庭院的总配电箱引出电源，这样即可减少一个路灯控制系统，又可避免明线敷设对坊巷景观造成影响。但要求每盏路灯都设一个定时开关，且其日常维护应由市政部门执行。其与常规不同之处就是路灯的电费收取办法，往常是市政用电，现建议先由各庭院的相关群体垫付，年底再统一由市政部门进行单灯补偿。

2. 变配电设施

由于区内坊巷狭窄，地下管线空间紧张，不仅不利于大的电气设施的运输，且限制了集中设置变配电房的可能性，可设置独立式变配电房的空间少之又少。因此建议如下：

对更新建筑较多且能方便运输变压器的区域，首先考虑结合庭院翻建工作，在不改变传统庭院格局的前提下，以庭院附属楼的形式，在出线方便的位置设置一定数量的变配电房，每个变配电房的面积在30平方米左右，要求建筑风格与其周边的庭院相一致，且要求选用小巧、紧凑型的变压器及高、低压配电柜等设备。

要求变压器小容量、多设点，以减少变压器的馈电线路，从而使区内的电力管道数相应减少，尽可能少占用地下空间。

3. 室外电力人/手孔井设施

设在道路上的电力人/手孔井采用与路面材质相一致的井盖，且可以结合景观设计把"宜夏老街"的人文志事刻在井盖上，起到演绎和掩饰的双重效果。

4. 室内电力系统的建设与改造

修缮性、维修改善性建筑建筑电气设备改造如下：

电表箱、配电箱明装或暗装（建筑条件许可时）在各庭院入口处的山墙上。电气末端设备：插座、按钮开关尽量设于新建墙体。电力线路采用阻燃导线穿阻燃塑料管或线槽（氧指数＞32）明敷设，敷设线路要求平整、并尽可能隐蔽在梁柱后，且要求所穿阻燃塑料管或线槽外漆上一层与梁柱颜色相接近的防火漆；对有展示功能的庭院要求室内的照明灯具尽量采用不显眼的灯具，以防喧宾夺主，建议采用射灯等小而亮的灯型，且要求灯具的色彩尽量与屋顶的色彩接近。

改造整修建筑和更新建筑都是与老街风貌相冲突的建筑，没有太大历史意义和历史价值。此类建筑的建设原则是通过改造、更新使之融入老街的氛围，对其电力系统要求采用现代施工工艺技术。此类建筑电气设备改造或新建如下：电表箱、配电箱集中嵌入安装在各庭院入户处的山墙内，线路采用阻燃导线穿阻燃塑料管（氧指数＞32）、钢管暗敷设，电气末端设备：插座、按钮开关等嵌入墙体安装。

10.5 通信设施与消防设施

10.5.1 规划原则

1. 设备用房：仅在区内预留通信和有线电视的设备用房，要求各设备用房的建设以不破坏所在建筑格局为要。

2. 电话亭：公用电话作为区内不可或缺的通信设施，电话亭的外观要求古朴、典雅。

3. 设备箱：各通信系统要求设在室外的设备箱，应放在不显眼的位置，且要对其外壳进行适当的装饰，使之与古街的风貌相协调。

4. 通信人/手孔井：通信人/手孔井要求采用与路面材质相一致的井盖，且可以结合景观设计把"宜夏老街"的人文志事等刻在井盖上，起到演绎和掩饰的双重效果。

5. 室内通信系统的建设与改造

修缮性、维修改善性建筑都采用传统施工工艺建造的，建筑构造多采用木结构、灰泥墙。对此类建筑通信设备改造如下：电话分线箱、电视放大箱明装或暗装（建筑条件许可时）在各庭院入口处的山墙上。通信末端设备：接线端口尽量设于新建墙体。话缆、光缆、视频电缆穿阻燃塑料管或线槽（氧指数＞32）明敷设，敷设线路要求整齐、并尽可能隐蔽在梁柱后，且要求所穿阻燃塑料管或线槽外漆上一层与梁柱颜色相接近的防火漆。

改造整修建筑和更新建筑都是与历史风貌相冲突的建筑，没有太大历史意义和历史价值，此类建筑的建设原则是通过改造、更新使之融入老街的氛围，对其建筑的通信系统要求采用现代施工工艺。此类建筑通信设备改造或新建如下：电话分线箱、电视放大箱嵌入安装在各庭院入户处的山墙内，通信末端设备：接线端口嵌入墙体安装，话缆、光缆和视频电缆穿阻燃塑料管或钢管暗敷设。

10.5.2 消防设施

1. 消火栓

室外消火栓的布置应满足间距≤120米、保护半径≤150米的消防规范要求，且宜布置在交叉路口附近，确保两股消火栓水枪充实水柱能同时达到区内任何部位。

全面配设消火栓来满足扑灭火灾的需要，消防时主要通过室外消火栓取水，为保持区内历史风貌，宜采用地下式室外消火栓，消火栓的布置应因地制宜、见缝插针，可设在区内较宽的路段或规划可拆建筑物附近。

2. 消防通道

确保消防通道畅通无阻，解决好车辆通行和停车问题，考虑到消防车不能进入小街巷，可采用消防摩托车和手提式消防泵等小型消防设备，区内建设控制地带每个建筑单体应配置简易的消防设备。

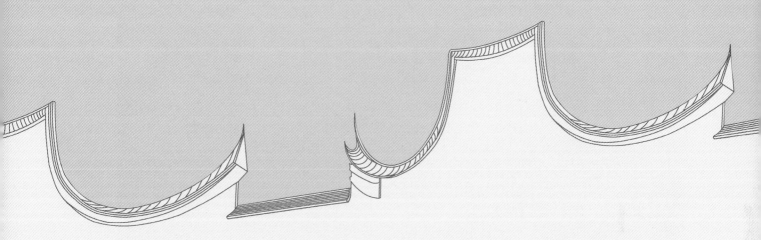

第11章

宜夏村传统村落保护与发展实施过程图集

11.1 传统村落选址与空间形态风貌规划图集

图11-1-1 总平面规划布置图
（图片来源：福州市规划
设计研究院资料）

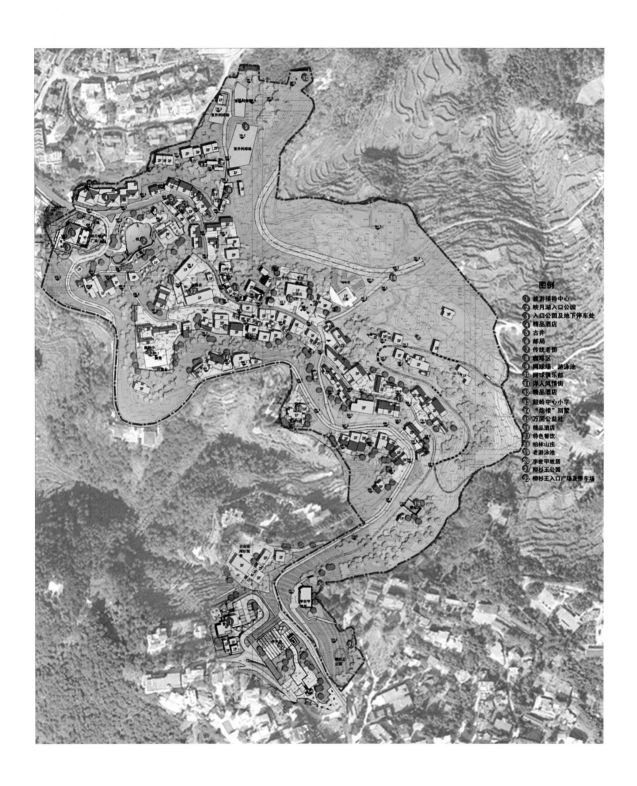

图例
① 旅游接待中心
② 映月湖入口公园
③ 入口公园及地下停车处
④ 精品酒店
⑤ 古井
⑥ 邮局
⑦ 传统老街
⑧ 晒晖区
⑨ 网球场、游泳池
⑩ 洋人风情街
⑪ 精品酒店
⑫ 鼓岭中心小学
⑬ "炮楼"别墅
⑭ 万国公益社
⑮ 精品酒店
⑯ 特色餐饮
⑰ 柏林山庄
⑱ 老游泳池
⑲ 李世甲故居
⑳ 柳杉王公园
㉑ 柳杉王入口广场及停车场

第 11 章
宜夏村传统村落保护与发展实施过程图集

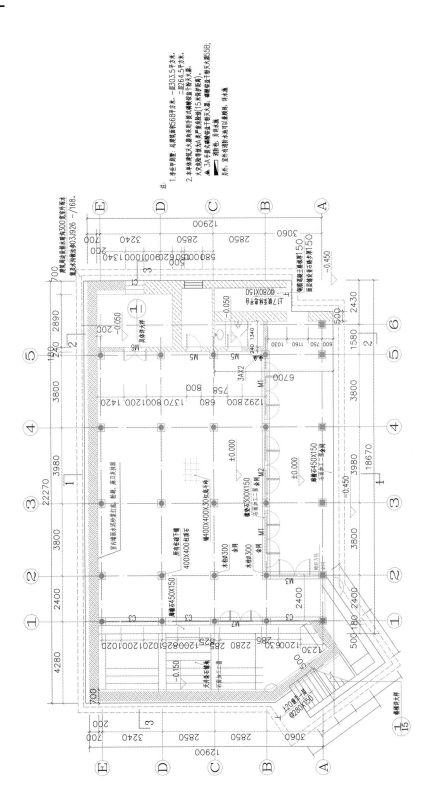

图11-2-1　李世甲一层平面图
（图片来源：福州市规划设计
　　研究院资料）

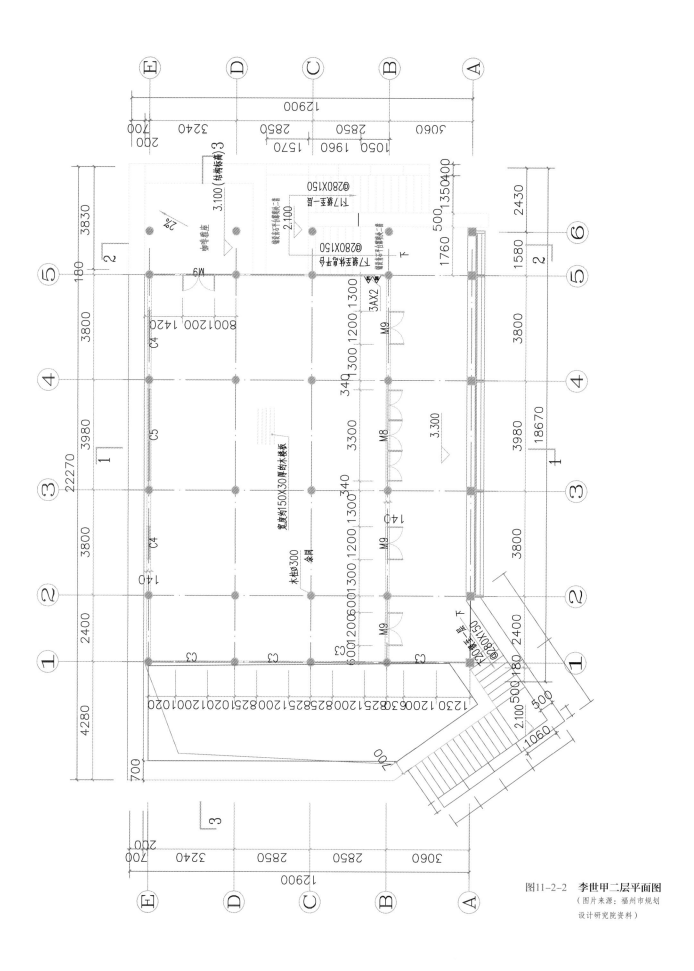

图11-2-2 李世甲二层平面图

（图片来源：福州市规划
设计研究院资料）

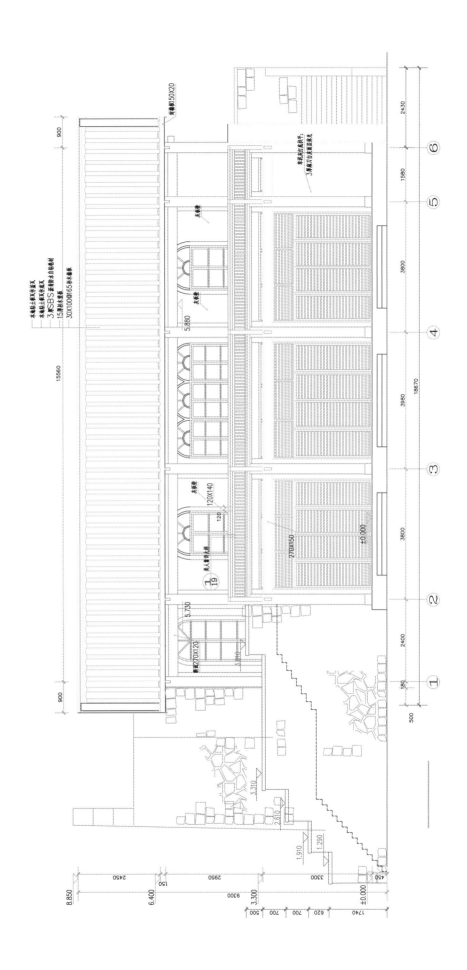

图11-2-3　李世甲正立面图
（图片来源：福州市规划设计
　　研究院资料）

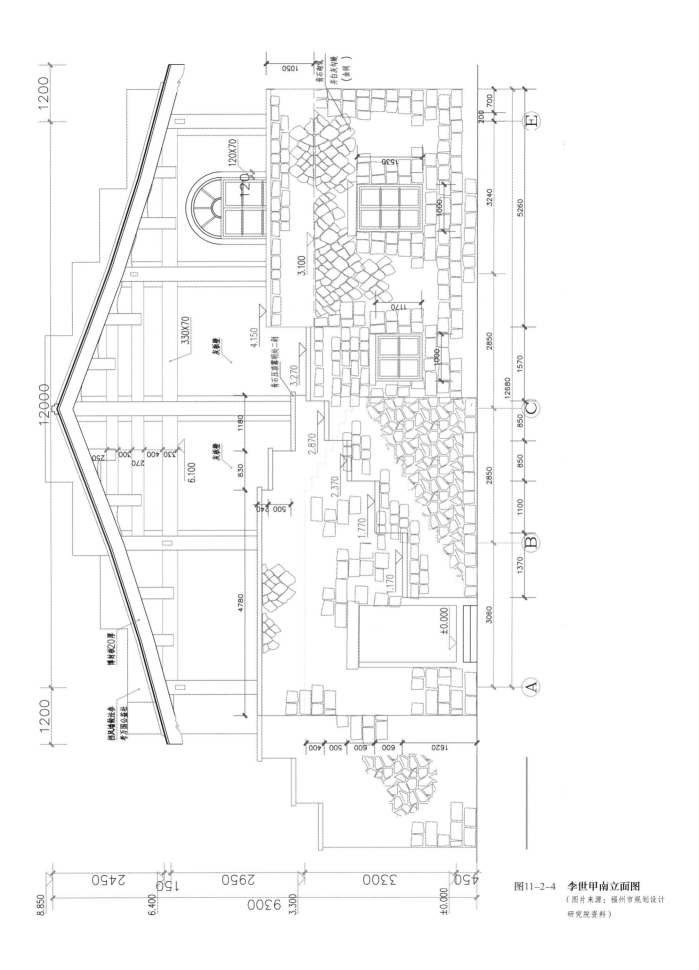

图11-2-4 **李世甲南立面图**

（图片来源：福州市规划设计
研究院资料）

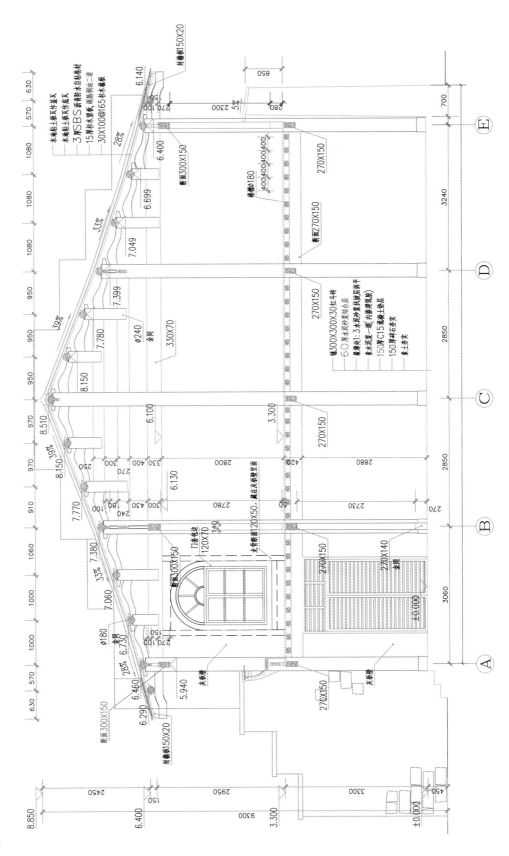

图11-2-5　李世甲2-2剖面图

（图片来源：福州市规划
设计研究院资料）

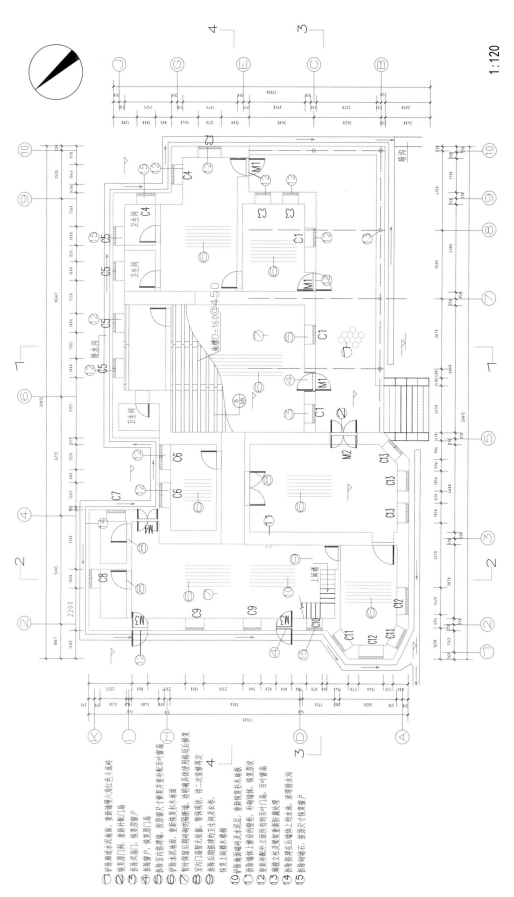

1:120

① 铲除通道水泥地面，重新铺设六角红色土底砖
② 恢复原门洞，重新补配门扇
③ 拆除原门洞，恢复原窗户
④ 拆除原水泥墙面，重复原杉木墙面
⑤ 铲除室内搭接面，按原尺寸修复并重漆木地面
⑥ 拆除原水泥墙面，重新恢复复杉木墙面
⑦ 拆除保留后期砖砌隔断墙，待明确具体使用后拆局后修复
⑧ 室内门窗缺失，暂留现状，待一次装修再定
⑨ 拆除后期搭建的卫生间及浴室，恢复上阁楼木楼梯
⑩ 铲除墙面砖及水泥层，重新做杉木墙板
⑪ 拆除墙体上搭接的壁柜，补砌墙体，恢复原状
⑫ 重新恢复外立面所有的百叶门扇，百叶窗扇
⑬ 楼面不好且要重新更换百叶门扇窗，百叶窗扇
⑭ 拆除原住后墙体上的水池，清理墙补洞
⑮ 拆除铺垫石，按原尺寸修复窗户

图11-2-6 宜夏别墅平面图
（图片来源：福州市规划设计研究院资料）

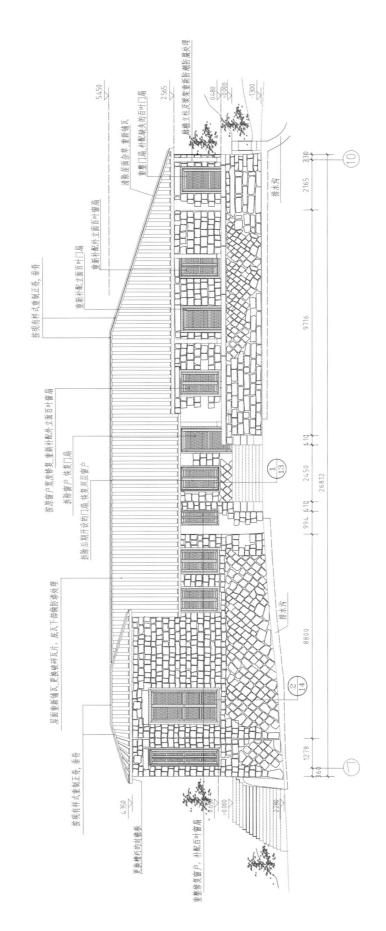

图11-2-7 **宜夏别墅南立面图**

（图片来源：福州市规划设计

研究院资料）

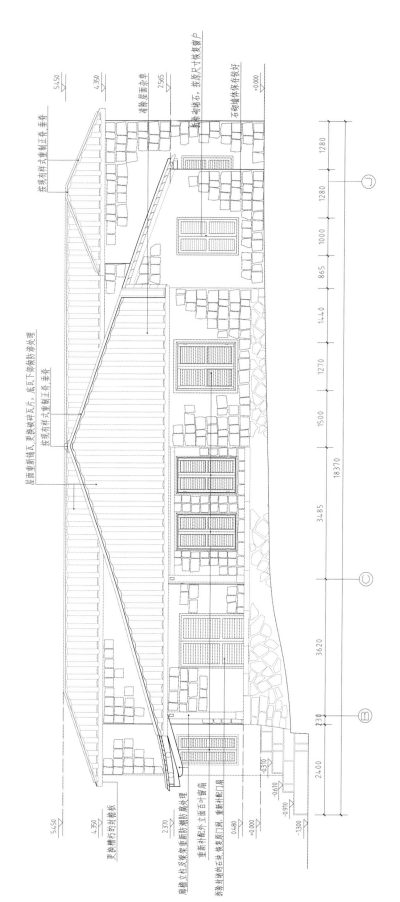

图11-2-8　宜夏别墅东立面图
（图片来源：福州市规划设计
　　　　研究院资料）

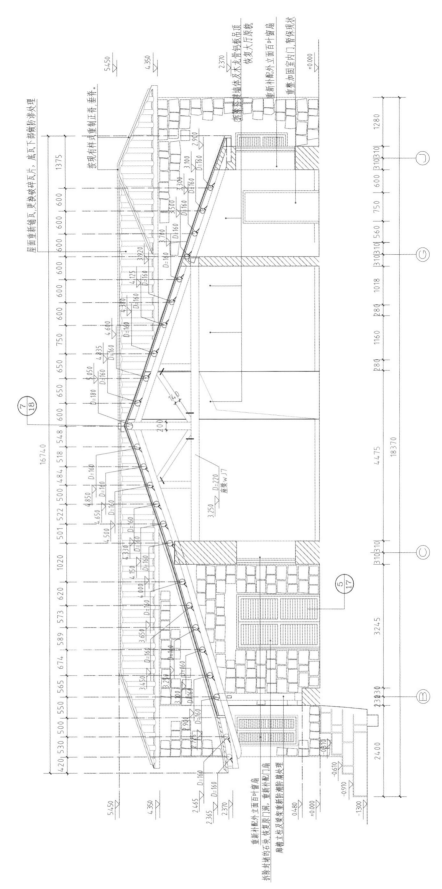

图11-2-9 **宜夏别墅1-1剖面图**
（图片来源：福州市规划设计
研究院资料）

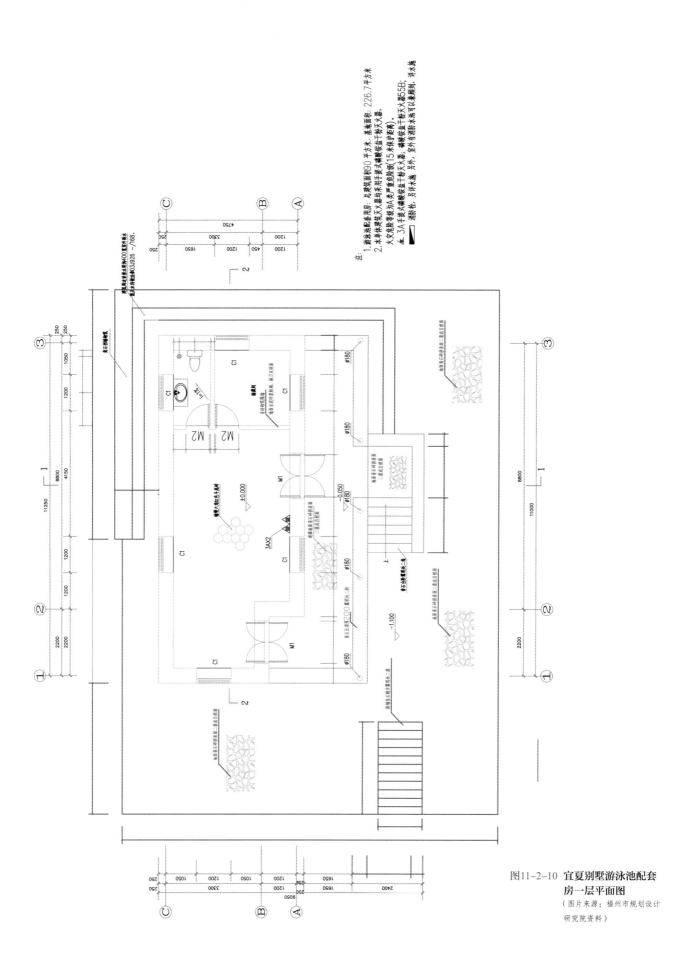

图11-2-10 **宜夏别墅游泳池配套房一层平面图**

（图片来源：福州市规划设计研究院资料）

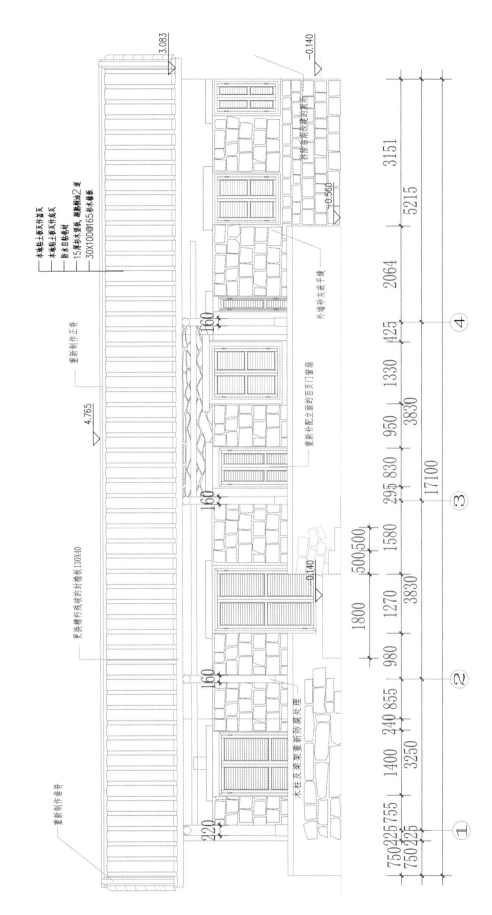

图11-2-11 万国公益社正（南）
立面图
（图片来源：福州市规划设计
研究院资料）

木地板土板瓦作盖瓦
木地板土板瓦作底瓦
防水自粘卷材
15厚松木望板，刷桐油料2道
30X100@165杉木椽板

重新制作正脊

重新制作垂脊

更换檐椽沿线的封檐板130X40

重新制作垂脊

木柱及梁架重新防腐处理

重新补配立面的百叶门窗扇

外墙砂灰嵌平缝

补修白粉面及凌损的墙所

3.083

−0.140

−0.560

4.765

160

160

160

0.140

220

160

3151

5215

2064

425

1330

950

830

295

830

17100

1580

500 500

1270

3830

1800

980

855

240

1400

3250

750 225 755

750 225

④

③

②

①

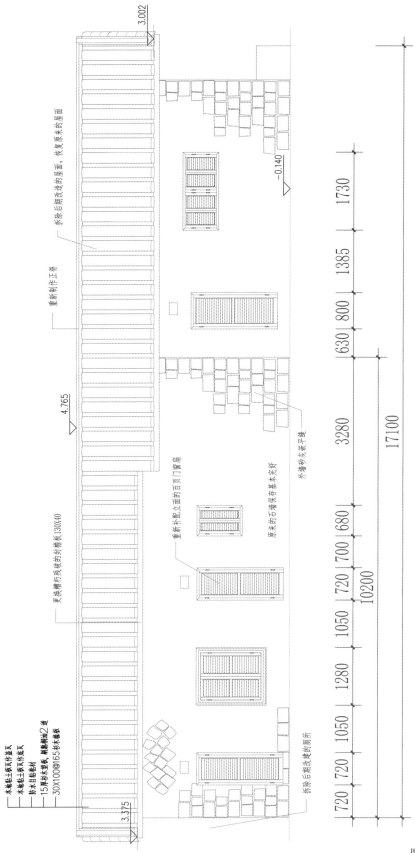

图11-2-12 万国公益社北立面图

（图片来源：福州市规划设计研究院资料）

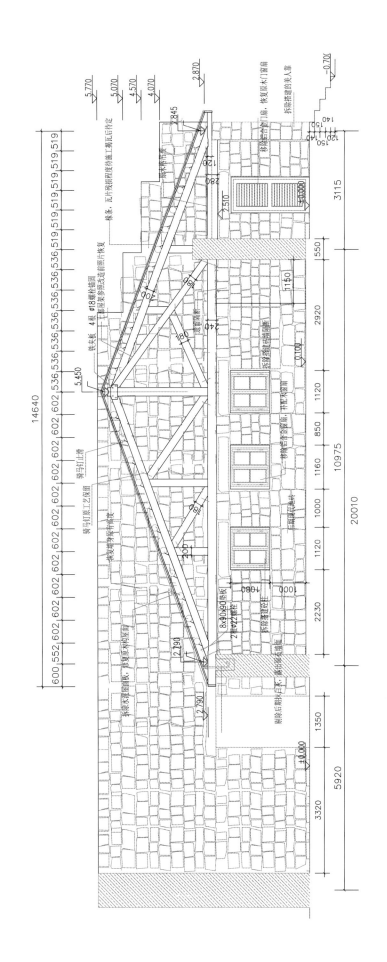

图11-2-13 万国公益社1-1剖面面图

（图片来源：福州市规划设计研

究院资料）

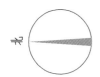

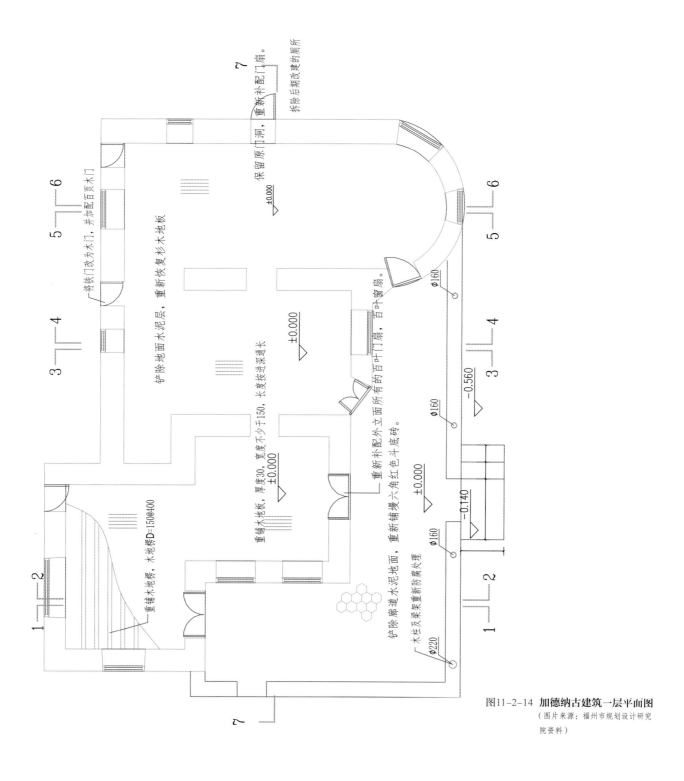

图11-2-14 加德纳古建筑一层平面图
（图片来源：福州市规划设计研究院资料）

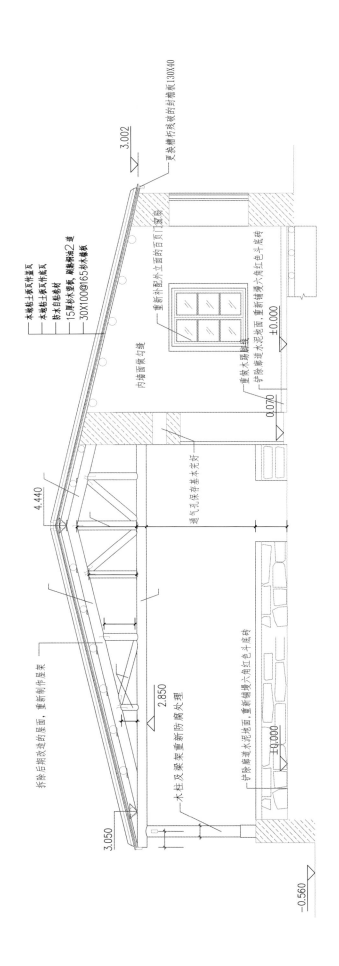

本地粘土板瓦作盖瓦
本地粘土板瓦作底瓦
防水自粘卷材
15厚杉木望板，刷桐油2道
30X100@165杉木椽板

3.002

更换檩杆残破的封檐板130X40

重新补配外立面的百叶门窗架

重新铺装水泥地面，重新铺装六角红色斗底砖

内墙面做勾缝

±0.000

重做木踢脚线

铲除廊道水泥地面，重新铺装六角红色斗底砖

0.070

通气孔保存基本完好

拆除后期改造的屋面，重新制作屋架

4.440

木柱及梁架重新防腐处理

2.850

铲除廊道水泥地面，重新铺装六角红色斗底砖

±0.000

3.050

−0.560

图11-2-15 加德纳古建筑1-1剖面图

（图片来源：福州市规划设计研
究院资料）

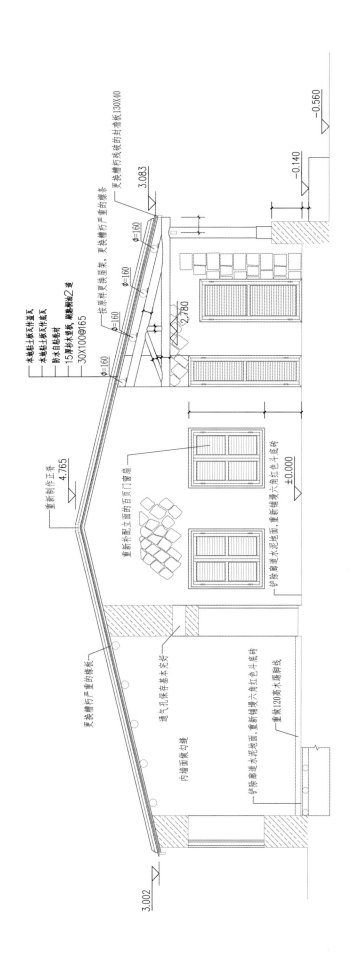

本地粘土板瓦作盖瓦
本地粘土板瓦作底瓦
防水自粘卷材
15厚杉木望板，刷热沥青2道
30X100@165

3.083

φ=160

按原样更换望条，更换槽朽严重的檩条

φ=160

φ=160

2.780

φ=160

4.765

重新制作正脊

重新补配立面的百页门窗扇

±0.000

重新补配立面的百页门窗扇

铲除原道水泥地面，重新铺墁六角红色斗底砖

更换槽朽严重的封檐板130X40

-0.140

-0.560

更换槽朽严重的椽板

通气孔保存基本完好

内墙面做勾缝

铲除原道水泥地面，重新铺墁六角红色斗底砖

重做120高木踢脚线

3.002

图11-2-16 加德纳古建筑2-2剖面图

（图片来源：福州市规划设计研
究院测绘资料）

图11-2-17 **宜夏别墅**
　　（图片来源：陈硕 摄）

图11-2-18 **鼓岭建筑**
　　（图片来源：陈硕 摄）

11.3 传统产业布局规划图集

图11-3-1 **鼓岭旅游规划**

（图片来源：福州市规划设计研究院资料）

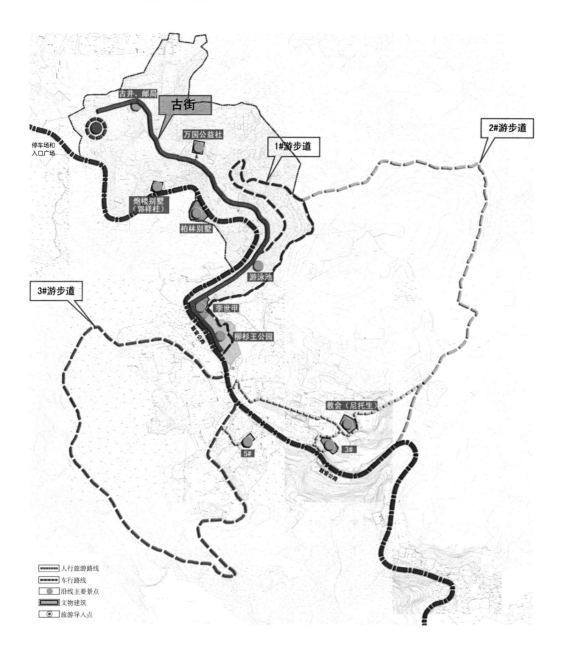

古井、邮局

古街

万国公益社

1#游步道

2#游步道

停车场和
入口广场

炮楼别墅
（郭祥柱）

柏林别墅

游泳池

3#游步道

李世甲

柳杉王公园

教会（尼托生）

5#

3#

人行旅游路线
车行路线
沿线主要景点
文物建筑
旅游导入点

第 11 章
宜夏村传统村落保护与发展实施过程图集

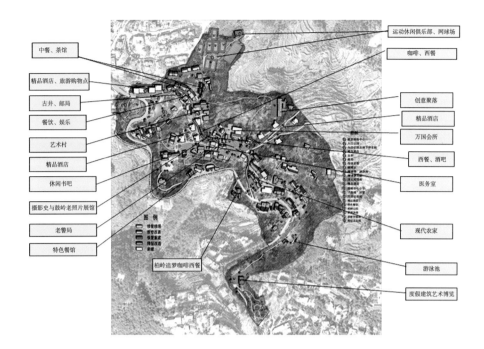

图11-3-2 鼓岭业态规划
（图片来源：福州市规划设计
研究院资料）

11.4 基础设施改造规划与实施方案图集

图11-4-1 宜夏村区域分块图
（图片来源：福州市规划设计
研究院资料）

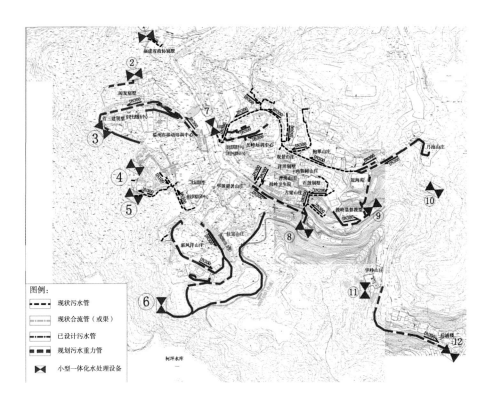

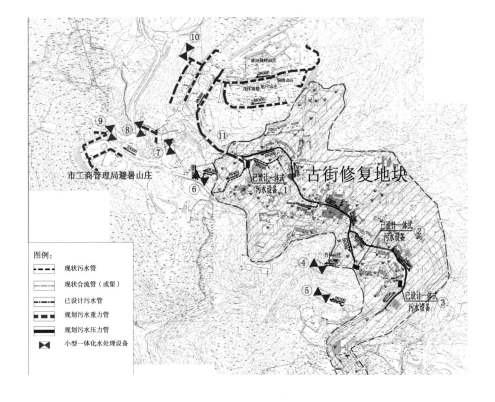

2
―
3

图11-4-2　**柳杉王公园区域规划**
污水管网图
（图片来源：福州市规划设计
研究院资料）

图11-4-3　**古街区域规划污水管**
网图
（图片来源：福州市规划设计
研究院资料）

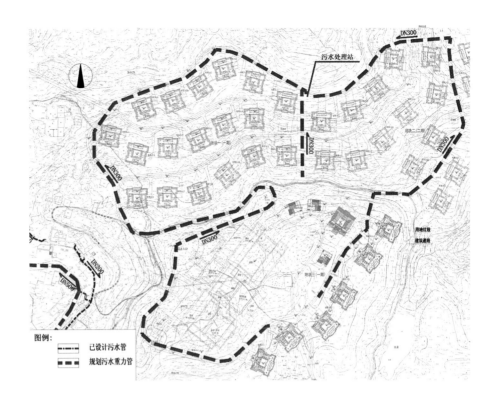

図例:

已设计污水管

规划污水重力管

图11-4-4　国贸地块区域规划污
水管网图
（图片来源：福州市规划设计
研究院资料）

图11-4-5　鼓岭区域规划污水管
网系统方案一
（图片来源：福州市规划设计
研究院资料）

图例

规划污水管

现状污水管

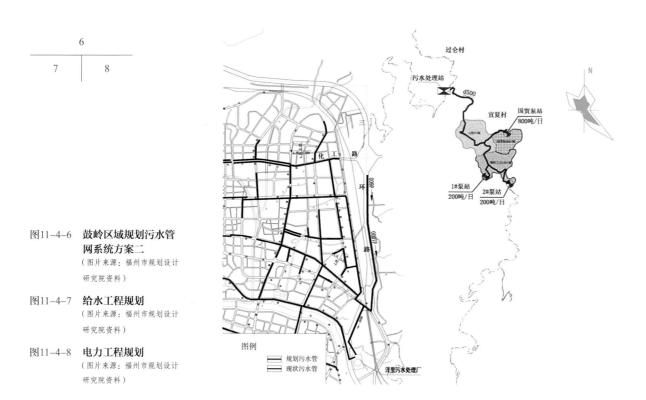

图11-4-6 **鼓岭区域规划污水管网系统方案二**
（图片来源：福州市规划设计研究院资料）

图11-4-7 **给水工程规划**
（图片来源：福州市规划设计研究院资料）

图11-4-8 **电力工程规划**
（图片来源：福州市规划设计研究院资料）

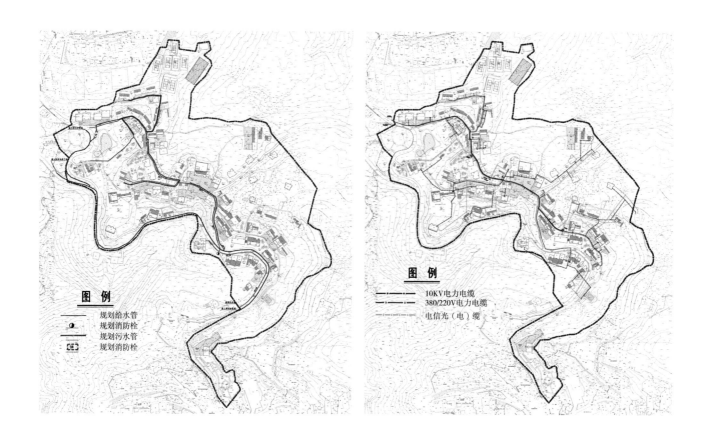

11.5 宜夏村古建筑施工案例图集

11.5.1 加德纳古建筑施工案例图集

1
―――
2

图11-5-1 加德纳古建筑施工现
场修复后1
（图片来源：陈硕 摄）

图11-5-2 加德纳古建筑施工现
场修复后2
（图片来源：陈硕 摄）

3	4	12
5	6	13
7	8	9	14
10	11	

图11-5-3 　加德纳古建筑施工现场修复后3
（图片来源：陈硕 摄）

图11-5-4 　加德纳古建筑施工现场修复后4
（图片来源：陈硕 摄）

图11-5-5 　加德纳古建筑施工现场修复后5
（图片来源：陈硕 摄）

图11-5-6 　加德纳古建筑施工现场修复后6
（图片来源：陈硕 摄）

图11-5-7 　加德纳古建筑施工现场修复后7
（图片来源：陈硕 摄）

图11-5-8 　加德纳古建筑施工现场修复后8
（图片来源：陈硕 摄）

图11-5-9 　加德纳古建筑施工现场修复后9
（图片来源：陈硕 摄）

图11-5-10 　加德纳古建筑施工现场修复后10
（图片来源：陈硕 摄）

图11-5-11 　加德纳古建筑施工现场修复后11
（图片来源：陈硕 摄）

图11-5-12 　加德纳古建筑施工现场修复后12
（图片来源：陈硕 摄）

图11-5-13 　加德纳古建筑施工现场修复后13
（图片来源：陈硕 摄）

图11-5-14 　加德纳古建筑施工现场修复后14
（图片来源：陈硕 摄）

图11-5-15　万国公益社古建筑施
　　　　　工案例修复后1
（图片来源：陈硕 摄）

图11-5-16　万国公益社古建筑施
　　　　　工案例修复后2
（图片来源：陈硕 摄）

	16
15	17

图11-5-17　万国公益社古建筑施
　　　　　工案例修复后3
（图片来源：陈硕 摄）

18	19
20	21
	22

图11-5-18 万国公益社古建筑施
工案例修复后4
（图片来源：陈硕 摄）

图11-5-19 万国公益社古建筑施
工案例修复后5
（图片来源：陈硕 摄）

图11-5-20 万国公益社古建筑施
工案例修复后6
（图片来源：陈硕 摄）

图11-5-21 万国公益社古建筑施
工案例修复后7
（图片来源：陈硕 摄）

图11-5-22 万国公益社古建筑施
工案例修复后8
（图片来源：陈硕 摄）

11.5.3 宜夏别墅古建筑施工案例图集

图11-5-23　宜夏别墅古建筑施工
　　　　　案例修复后1
　　（图片来源：陈硕　摄）

图11-5-24　宜夏别墅古建筑施工
　　　　　案例修复后2
　　（图片来源：陈硕　摄）

图11-5-25 宜夏别墅古建筑施工
案例修复后3
（图片来源：陈硕 摄）

图11-5-27 宜夏别墅古建筑施工
案例修复后5
（图片来源：陈硕 摄）

图11-5-26 宜夏别墅古建筑施工
案例修复后4
（图片来源：陈硕 摄）

28

29

30

图11-5-28 宜夏别墅古建筑施工
案例修复后6
（图片来源：陈硕 摄）

图11-5-29 宜夏别墅古建筑施工
案例修复后7
（图片来源：陈硕 摄）

图11-5-30 宜夏别墅古建筑施工
案例修复后8
（图片来源：陈硕 摄）

图11-5-31　宜夏别墅古建筑施工
案例修复后9
（图片来源：陈硕 摄）

图11-5-33　宜夏别墅古建筑施工
案例修复后11
（图片来源：陈硕 摄）

图11-5-32　宜夏别墅古建筑施工
案例修复后10
（图片来源：陈硕 摄）

参考文献

［1］郑曼文. 融入文化规划的川西地区传统村落交往空间保护性设计研究［D］. 西南交通大学，2016.

［2］赵娜. 山西省娘子关风景名胜区传统村落可持续发展规划策略研究［D］. 北京交通大学，2015.

［3］张璇. 武汉市木兰石砌特色的传统村落保护与规划研究［D］. 华中科技大学，2015.

［4］张小辉. 海南省新农村建设背景下传统村落的保护与整治规划研究［D］. 海南大学，2013.

［5］张璐. 文化复兴视角下的传统村落保护规划研究［D］. 成都理工大学，2016.

［6］王峥. 基于织补理论的传统村落保护发展规划策略研究［D］. 北京工业大学，2016.

［7］王雪蓉. 城乡地区扩张中传统村落的保护与发展规划探索［D］. 长安大学，2010.

［8］王建强. 冀南地区传统村落改造与保护重建规划设计研究［D］. 河北工程大学，2015.

［9］孙华. 传统村落保护规划与行动——中国乡村文化景观保护与利用刍议之三［J］. 中国文化遗产. 2015（06）：68-76.

［10］祁艳丽. 基于台湾省原住民村落保护与发展研究与应用［D］. 西北农林科技大学，2016.

［11］马航. 中国传统村落的延续与演变——传统聚落规划的再思考［J］. 城乡地区规划学刊. 2006（01）：102-107.

［12］刘赢. 传统村落保护与景观规划设计［D］. 大连工业大学，2016.

［13］刘洋. 有机更新理念下传统村落保护发展规划设计研究［D］. 昆明理工大学，2016.

［14］刘渌璐. 广府地区传统村落保护规划编制及其实施研究［D］. 华南理工大学，2014.

［15］李天依. 传统村落规划的前期策划研究［D］. 昆明理工大学，2016.

［16］蒋刚. 传统村落保护规划研究［D］. 中南大学，2013.

［17］葛雯. 苏州传统村落旅游产品规划研究［D］. 苏州科技学院，2014.

［18］党东雨，余广超. 传统村落景观规划的研究——以临沂市竹泉村为例［J］. 城乡地区发展研究. 2016（03）：18-20.

［19］朱哲莹. 传统村落保护规划研究［J］. 山西建筑. 2015（01）：25-26.

［20］赵娜. 山西省娘子关风景名胜区传统村落可持续发展规划策略研究［D］. 北京交通大学，2015.

［21］张璇. 武汉市木兰石砌特色的传统村落保护与规划研究［D］. 华中科技大学，2015.

［22］张猛，胡梅梅，王喜英. 市域传统村落保护发展规划探索——以济宁市为例［C］. 2015中国城乡地区规划年会. 中国贵州贵阳，2015：12.

［23］张宏，胡英英，林楠. 乡村规划协同下的传统村落社会治理体系重构——以广东省碧江村为例［J］. 规划师，2016（10）：40-44.

［24］许文聪，郭海. 空间句法在传统村落发展规划中的实践——以阳泉市小河村为例［J］. 华中建筑，2016（09）：105-109.

［25］许少亮. 文脉延续理念的传统村落活力再造策略探讨——以南靖云水谣通美庄园概念性规划设计为例［J］. 福建建筑，2016（12）：1-8.

［26］谢常喜，何辉，何晓丽. 传统村落保护发展规划策略初探——以贺州市钟山县英家街国家级传统村落保护发展规划为例［C］. 2016中国城乡地区规划年会. 中国辽宁沈阳，2016：11.

［27］王峥. 基于织补理论的传统村落保护发展规划策略研究［D］. 北京工业大学，2016.

［28］王峥. 基于保护与发展平衡的传统村落规划策略探析［C］. 2015中国城乡地区规划年会. 中国贵州贵阳，2015：12.

［29］王雪蓉. 城乡地区扩张中传统村落的保护与发展规划探索［D］. 长安大学，2010.

［30］王胜男，王丽婷. 传统村落三亚市保平村的生态恢复规划与设计［J］. 小城镇建设. 2016（09）：43-49.

［31］王路. 村落的未来景象——传统村落的经验与当代聚落规划［J］. 建筑学报. 2000（11）：16-22.

［32］王爱恒. 京郊传统村落保护规划中的道路系统研究［D］. 北京建筑大学，2013.

［33］石嘉宝. 对传统村落保护发展规划的探讨［J］. 建材与装饰. 2016（41）：110-111.

［34］沙晨迪. 河南省传统村落规划保护与发展模式探究［J］. 美与时代（城乡地区版）. 2016（03）：88-89.

［35］乔昱. 中国传统村落风貌保护规划研究［D］. 青岛理工大学，2014.

［36］祁艳丽. 基于台湾省原住民村落保护与发展研究与应用［D］. 西北农林科技大学，2016.

［37］潘冠文. 玉林市传统村落保护发展规划研究［D］. 广西大学，2016.

［38］闵忠荣，洪亮. 民宿开发：婺源县西冲传统村落的保护发展规划策略［J］. 规划师. 2017（04）：82-88.

［39］马航. 中国传统村落的延续与演变——传统聚落规划的再思考［J］. 城乡地区规划学刊. 2006（01）：102-107.

［40］刘子翼. 北京新时期传统村落规划策略的若干思考［C］. 2016中国城乡地区规划年会. 中国辽宁沈阳，2016：11.

［41］刘赢. 传统村落保护与景观规划设计［D］. 大连工业大学，2016.

［42］刘奕轩. 不同规划设计理念及策略下的传统村落空间环境的优化探讨［D］. 深圳大学，2016.

［43］刘洋. 有机更新理念下传统村落保护发展规划设计研究［D］. 昆明理工大学，2016.

［44］刘保国，和雨，王鹏，等. 三门峡市赵沟村传统村落保护规划研究［J］. 浙江农业科学. 2016（03）：424-428.

［45］林喜兴. 从文化景观视角探寻传统村落保护与发展规划策略——以福建省东山县梧龙村为例［J］. 低碳世界. 2016（17）：151-152.

［46］李彦鹏. 基于《瓦莱塔原则》的马带村传统村落保护规划方法研究［C］. 2016中国城乡地区规划年会. 中国辽宁沈阳，2016：14.

［47］李娜，苗力，牛筝，等. 连片成区模式在传统村落保护中的应用——以井陉县中部

传统村落片区保护规划为例 [J]. 小城镇建设. 2017 (01)：83-88.

[48] 李方勇. 丫山风景区传统村落规划整治理念与路径——以南陵县何湾镇龙村落溇湖居民点整治规划为例 [J]. 江西建材. 2014 (08)：22-23.

[49] 姜劲松. 新农村规划中村落传统的保护与延续——以苏州东山镇陆巷村村庄建设整治规划为例 [C]. 2006中国城乡地区规划年会. 中国广东广州，2006：6.

[50] 何依，孙亮. 基于宗族结构的传统村落院落单元研究——以宁波市走马塘历史文化名村保护规划为例 [J]. 建筑学报. 2017 (02)：90-95.

[51] 何韶瑶，唐成君，刘艳莉，等. 湖南传统村落规划及民居"三重门"安全策略研究 [J]. 工业建筑. 2017 (01)：44-49.

[52] 葛雯. 苏州传统村落旅游产品规划研究 [D]. 苏州科技学院，2014.

[53] 高珊，林融，庞书经，等. 传统村落综合规划的编制与思考——以平潭综合实验区山门村综合规划为例 [J]. 规划师. 2017 (04)：60-64.

[54] 樊海强，刘淑虎，张鹰. 传统村落的空心化与amtr规划设计策略——以尤溪县桂峰村为例 [J]. 建筑与文化. 2014 (11)：119-121.

[55] 丁蕾. 保护与传承——"三维度"视角下的传统村落规划技术探析 [C]. 2015中国城乡地区规划年会. 中国贵州贵阳，2015：13.

[56] 戴路. 欠发达地区传统村落保护发展规划与建筑绿色更新设计研究 [D]. 昆明理工大学，2014.

[57] 陈中，沈陆澄. 潮汕传统村落空间的生产与保护规划研究——以汕头市沟南村名村建设规划为例 [J]. 南方建筑. 2015 (04)：30-35.

[58] 陈静，冯旦，颜益辉. 传统村落成功特质分析及规划策略探索——以河南方顶村为例 [J]. 规划师. 2015 (S2)：167-172.

[59] 陈虹，吴敏兰，燕一波. 基于价值特色的传统村落保护与发展的规划研究——以福建漳州平和庄上村为例 [J]. 内蒙古农业大学学报（社会科学版）. 2017 (01)：137-142.

［60］陈果，张霁. 传统村落保护规划中公共空间作用浅析［J］. 四川建筑. 2015（03）：
　　　43-45.

［61］陈丹丹. 传统村落保护发展规划研究［J］. 山西建筑. 2014（34）：3-5.

［62］包娟. 灰构意象下的青岛凤凰村传统村落的保护和发展规划策略研究［D］. 青岛理
　　　工大学，2014.

后记

福建地理地貌多样，既有山地，又有平原，既有大江大河，也有海滨海岛，水量充沛、台风多发，同时处于台湾海峡地震带；在文化上，福建以闽越文化为基础，融合中原文化，同时也有着历史悠久的海洋文化；多样的地质环境以及源远流长的多元文化，造就了多样化的地域文化和不同风格的传统村落。承载着不同历史时期、不同民族的文化信息，承载着闽台文化信息的传统村落是福建宝贵的物质文化与非物质文化遗产资源，福建传统村落有效保护和延续，对于维系两岸中华情怀，有着积极的现实意义和深远的历史意义。

近年来随着经济的快速发展和城镇化的持续推进，传统村落重则被城镇快速拓展所吞噬，轻则面临如传统建筑的毁坏、传统空间和特色风貌的缺失、生活环境品质的下降所导致的可持续发展能力的缺失等问题。福州地区乡村有很多古传统村落，蕴含着具有地域特色的文化和遗产，但是，由于保护意识不强，许多本土民间艺术已经逐渐遗失，在美丽乡村建设中，需要对传统村落历史文化进行进一步挖潜，以期使乡村彰显出地方独特性，塑造有特点的人居环境。福州传统村落中不乏有许多的历史文化名村，在新型城镇化建设中进行了许多历史文化名镇名村保护及传统村落的保护工作，进而更有效地保护传统村落。同时，针对传统村落的保护工作出台了一系列的技术及资金等方面的支持政策，推动在新型城镇建设中历史文化名村的规划、保护和发展，促使传统村落建设的良性发展。

我国传统村落保护理论与实践研究可以追溯到20世纪80年代，对传统村落的保护与更新同样进行了长期的探索，有经验也有教训，同整体性保护的思想相一致，传统村落的整体保护应当包含保护和发展两个方面，即是指既要保护传统村落的历史建筑及其周边环境和与之相关的风貌特色，还应保护生活形态、文化形态和场所精神，以使村落可持续发展，使传统村落适应新的社会发展和现代建设要求。传统村落保护除了要理论基础上明确标准外，还需要结合当前先进的传统村落研究、保护、改造技术，以增强建设改造的科学性。其关键的技术包括：利用空间句法分析传统村落空间敏感性、传统村落保护与更新、传统村落景观风貌改善、传统村落复兴、传统村落基础设施综合提升技术。

福建省福州市鼓岭乡宜夏村位于鼓岭景区南部，鼓宦公路自南向北贯穿全村，周边交通条件便利。宜夏老街为宜夏村的核心部分，沿线分布着许多中西合璧的历史建筑，另有古井、石板路、登山道等历史元素，文化景观资源丰富。沿老街有数条登山道，基本保存其历史原真性，依山形地貌形成，石阶古朴，尺度宜人。其改造基本策略包括：最大可能保留旧有建筑及历史信息，保持历史的真实性；沿用石构建筑形式与做法，建筑外立面采用石构及石木建筑方式；严格控制新植入建筑的体量与尺度，以二至三层石构建筑为主；强调老街立面轮廓的变化，能反映老街历史自然演进过程等。

本书针对福州地区传统村落在现阶段面临的传统建筑的毁坏、传统空间和特色风貌的消失、生活环境品质的下降、村落可持续发展能力的缺失等问题，以福建省福州市鼓岭乡宜夏村为示范，通过对空间句法分析传统村落空间敏感性技术、传统村落整体保护与有机更新技术、传统村落景观风貌改善技术、传统村落复兴技术、传统民居改造与功能综合提升技术、传统村落基础设施综合提升技术等六个关键技术的集成，提出福建沿海多山地区以石、木、砖为主要结构的传统村落的规划改造和民居建筑功能综合提升技术。

最后，感谢福州市规划设计研究院在本书编著与出版过程中提供人员、鼓岭宜夏村相关项目资料、图集等各方面支持，同时感谢国家"十二五"科技支撑计划项目"传统村落保护规划与技术传承关键技术研究"对本书出版的大力支持。

图书在版编目（CIP）数据

福州地区传统村落规划更新和功能提升——宜夏村传统村落保护与发展／陈硕等编著．—北京：中国建筑工业出版社，2018.9

（中国传统村落保护与发展系列丛书）

ISBN 978-7-112-22495-1

Ⅰ．①福… Ⅱ．①陈… Ⅲ．①村落－乡村规划－福州

Ⅳ．①TU982.295.71

中国版本图书馆CIP数据核字（2018）第171248号

　　传统村落作为全人类共同的文化遗产，其保护和技术传承一直被国际社会和我国高度关注。福建省福州市鼓岭乡宜夏村作为福州地区传统村落规划改造及民居功能综合提升技术集成与示范区域，开展了综合提升技术集成与示范。本书希望提供传统村落保护和发展的系统性技术指南，为全国传统村落保护和发展提供丰富的技术成果和适用产品，便于快速选择适用技术和产品，并提供多个地区的传统村落保护和发展示范案例提供可借鉴的实施样板。本书适用于建筑学、城市规划、文化遗产保护等专业领域的学者、专家、师生，以及村镇政府机构人员等阅读。

责任编辑：胡永旭　唐　旭　吴　绫　张　华　孙　硕　李东禧
版式设计：锋尚设计
责任校对：王　烨

中国传统村落保护与发展系列丛书
福州地区传统村落规划更新和功能提升
——宜夏村传统村落保护与发展
陈　硕　等编著
＊
中国建筑工业出版社出版、发行（北京海淀三里河路9号）
各地新华书店、建筑书店经销
北京锋尚制版有限公司制版
北京富诚彩色印刷有限公司印刷
＊
开本：880×1230毫米　1/16　印张：13½　字数：285千字
2018年11月第一版　2018年11月第一次印刷
定价：**158.00**元
ISBN 978 - 7 - 112 - 22495 - 1
　　　（32328）